浙江理工大学哲学社会科学科研繁荣计划专著出版资金资助(2019 年度)
浙江理工大学基本科研业务费专项资金资助(20195007)
浙江省科技厅软科学研究计划项目(2020C35046)

服饰时尚导航

孙　虹　冯幽楠◎著

图书在版编目(CIP)数据

服饰时尚导航 / 孙虹，冯幽楠著. —杭州：浙江大学出版社，2020.9

ISBN 978-7-308-20080-6

Ⅰ.①服… Ⅱ.①孙… ②冯… Ⅲ.①服饰美学—通俗读物 Ⅳ.①TS941.11-49

中国版本图书馆 CIP 数据核字(2020)第 039693 号

服饰时尚导航

孙　虹　冯幽楠　著

责任编辑　傅百荣
责任校对　杨利军　沈　倩
封面设计　周　灵
出版发行　浙江大学出版社
（杭州市天目山路 148 号　邮政编码 310007）
（网址：http://www.zjupress.com）
排　　版　杭州隆盛图文制作有限公司
印　　刷　广东虎彩云印刷有限公司绍兴分公司
开　　本　710mm×1000mm　1/16
印　　张　16.25
插　　页　8
字　　数　309 千
版 印 次　2020 年 9 月第 1 版　2020 年 9 月第 1 次印刷
书　　号　ISBN 978-7-308-20080-6
定　　价　68.00 元

前言

Preface

当今社会，时尚已成为人们追逐的对象。时尚不再是少数人的专属，时尚高端化阶层追求正向多阶层、降阶层扩散。时尚现代性与品牌结缘，个性化、“我就是我”的消费文化正为大品牌、小品牌、多品牌同台竞争打开了细分市场的空间，突破了长期以来时尚垄断性的竞争边界，开辟了多主体、多层级、多元性、小众化时尚市场格局。可以说传统意义上的时尚阶层性、炫耀性、垄断性的定位已在消解。然而时尚的本质和基本规律并未改变，时尚首先是创意，周期性的创意，也就是离不开创新性设计，设计本身不能直接成为时尚，只有被人们接受才可能成为时尚。时尚更为实质的要素体现在两个价值维度上：一是人们感到物有超值，愿意支付超额代价；二是设计师或市场开发者能获得超额利润，这正是不断创新的动力源泉。时尚的生命周期与流行密切相关，但时尚不等于流行的全周期，时尚是流行的前半生，如果把流行周期比作三部曲，前奏曲、小合唱进行曲和大合唱终曲，那么时尚属于前两曲，因进入第三曲而终止，这是因为流行到大众化，价廉物美成为主流时，就失去了时尚的本质要素价值“超额”。把握时尚流行这个节奏，是时尚经营之大道。

服饰时尚是既古老更现代并不断演绎的一种时尚，服饰时尚是现代时尚体系的轴心。《服饰时尚导航》一书对服饰时尚展开讨论，以飨读者。

《服饰时尚导航》创作的基本思路主要围绕三大方向展开：一是把握消费升级。新时代的中国，社会基本矛盾发生了深刻的变化，怎么满足人民日益增长的美好生活需要已成为社会的关注点，服饰时尚是人们美好生活追求的重要组成部分，服饰时尚个性化已被社会认同并成为主流消费文化。有句话说“拥有服饰文化涵养的厚度，才能穿出服饰品位的高度”，然而大众在追求时尚时，却缺乏服饰文化的专业知识。本书面对这个时代性的转变，用一定的篇幅以通俗易懂的手法阐述服饰文化的“大道”，让读者对服饰文化有个总体的认知和理性的把握，从而提高服饰文化素养。二是把握自我。从现实自我到服饰理想自我的实现，一般会面临着服饰与社会之间、服饰与群体之间、服饰与自我身心之间的协调等等问题，如何达成和谐，并且有个性有品位，在选择上往往比较迷茫，这是要解决的重点，本书以较大篇幅予以指导。三是把握文化自信。服饰时尚市场，长期以来受着西方文化的影响，近年来中国元素的崛起正在改变这个格局，因此创作上既要重视全球化背景下多元文化的影响，更要看重中国元素、中国设计、中国品牌的兴起，唤起人们的文化自信。

《服饰时尚导航》写作主要采用：一是科学性与通俗性、生活性结合。语言表达、结构设计、图片展示等方面，在不失科学性的前提下通俗易懂、雅俗共赏，贴近生活。二是历史性与现代性、趋向性结合。服饰的发展演变有较长的历史，在顾及其历史性呈现的同时，更加关注新设计、新品牌、新业态等方面的变化和发展趋势。

《服饰时尚导航》一书分为五章，第一章“服饰之源”包括服饰的起源、服饰的流变和服饰的畅想，主要让人们打开视野，增强服饰时空观；第二章“服饰之形”包括服装的款式、色彩和面料，主要让读者了解物质层面服饰的三个基本要素，这三个要素对不同的人在选择服饰时起到重要作用；第三章“服饰之文”包括服饰与自然环境、服饰与政治经济、服饰与社会文化和服饰与科学技术，主要讲服饰现象不是孤立的，增强人们对大文化背景下服饰现象的把握，提高理性认识；第四章“服饰之韵”包括服饰与社会和谐、服饰与群体和谐和服饰与自我和谐，主要让人们认识到服饰不光是个人的服饰，在追求个性时不要忘掉服饰是一种文化，要与社会、群体和自我求得和谐；第五章“服饰之恋”包括品牌的蕴含、设计师与品牌文化和品牌的挚爱，主要讲述品牌的魅力，想告诉人们如何选择与自我身份、自我形象、自我气质、自我向往等相匹配的服饰品牌，强化自我的服饰精神生活。

《服饰时尚导航》一书由浙江理工大学孙虹、冯幽楠等著，由孙虹统筹、冯幽楠统稿。本书分工如下：第一章肖予馨撰写，第二章沈明月撰写，第三章肖予馨撰写，第四章龚姚伊撰写，第五章沈明月、冯幽楠撰写。冯幽楠负责书稿的校对工作。对他们的辛勤劳动，表示由衷的感谢！

本书的出版得到浙江省丝绸与时尚文化研究中心、浙江省服装工程技术研究中心和丝绸及其制品科技创新服务平台的大力支持，在此一一致谢！

本书有些图片和资料来自网站，由于条件和精力所限，未能找到著作权人，敬请相关人士与我们（fzxy@zstu.edu.cn）联系，以便奉寄样书和酬谢。

作 者

2019 年 6 月 10 日

目录

Contents

第一章
服饰之源

第一节　服装的起源

人类在很早以前是不穿衣服的，但为什么到了后来要穿衣服呢？关于这个问题，其实国内外的专家学者的观点不尽相同，说法不一。笔者经过归纳总结，把服装的起源主要分为五种学说。包括适应环境说、遮掩羞涩说、装饰美化说、吸引异性说、地位象征说等。

一、适应环境说

服装是为了适应环境、保护身体的需要，是人类起码的生活需要。我们的祖先历经漫长的岁月，逐渐形成了自己的衣着，并逐步完善起来。简单来说，穿衣最主要的目的是抵御寒冷和潮湿的天气。这就是适应环境说。

在距今约 50 万年前，人类的祖先是不穿衣服的。到了旧石器时代末期，人类在与自然界的斗争中，随着生产技术的逐渐提高，改造自然的能力也得到增强。距今约 18000 年前的母系氏族社会的山顶洞人开始使用磨制和钻孔技术，学会用骨头做成的针和兽筋或皮条做成的线，将一块块兽皮缝合起来，制成衣服，可以有效地抵御寒风雨雪的侵袭。同时，还可以防止爬虫或蚊子的叮咬，起到保护身体的作用。见图 1-1。

二、遮掩羞涩说

这一学说简单来说，就是认为服装的来源是因为人类的羞耻感迫使人类用服装把身体遮掩起来。在几十万年前，人类的祖先和其他动物一样，全身毛发甚长，足以御寒。因此，人类在几十万年的漫长岁月里，一直不穿衣服。后因人类的

图 1-1　山顶洞人的生活

智力不断发展，逐渐开化文明，懂得了礼仪和羞涩，于是产生了用以遮身的服装。

在炎热的非洲，人们根本不必穿衣，但因男女有别，故均用纱笼、围布或裤衩等遮盖下身。纵观人类服装的形成史，也是从下身开始向上身发展的，首先是以树叶或兽皮围住腹、臀等部位，后来有了裙类服装，然后才发展成衣和袍。对于现代人来说，理解这一学说并不困难。今天在公众场合下的身体裸露不仅被大多数人反对，甚至还会受到一定的法律惩处。见图 1-2。

图 1-2　非洲原始人

三、装饰美化说

装饰美化说，简单来讲就是认为服装是为了装饰美化人体的需要而产生的。我们都知道，在原始社会时期人类是不懂得穿衣的，也不需要用衣服来保护身体。至今还有一些民族过着原始生活，他们不穿衣服，但懂得装饰自己。他们通过涂粉，文身，披挂兽皮、兽骨、树叶等来装饰自己。对原始人来说，装饰是他们的第一需要，保护是第二需要，是开化以后的事情。

人类起源于温带和热带地区，猿人、古人、新人在几十万年的漫长岁月中是不穿衣服的。后来在气候潮湿严寒地区也出现了人类，他们同样不穿衣服。达尔文曾经对不畏严寒融雪于皮肤的土著民族进行观察，对其自身的抗寒能力表示异常惊讶。然而，在大多数原始民族中，有不穿衣服的民族，而绝对没有不装饰的民族。有人做过研究，发现年幼的孩子对装饰的快感比展露的羞涩之感发展得更早些。小孩子对于装饰物表现出来的兴趣往往是自发的、先天的，而对于遮羞的需要却是在成人环境的影响下形成的，是被动的、后天的。

人类从旧石器时代的山顶洞人时期开始，就已经有了爱美的观念，懂得用各种方法来装饰自己。装饰形式分为肉体和外表两种。肉体装饰包括对人体的各种“体塑”，外表的装饰包括服装或其他各种装饰物。这两种装饰形式有着某种相互依存的关系。如耳环或鼻环就是体塑和饰物附贴两者的结合，现代女子使用腰带紧束腰部使其纤细，也是同样的道理。而我国古代女子的缠足则属于改形装饰。常见的肉体装饰主要有结疤、文身、涂粉、残毁、改形等。见图 1-3。

图 1-3　树叶、涂粉的装饰

四、吸引异性说

这一观点认为服装是为了吸引异性而起源的。他们认为，人们之所以要穿衣服，并不是单纯为了保护身体、遮掩羞涩或装饰。实际上，是由于原始人对性、性感以及性爱有追求，为了吸引异性才产生服装的。在远古时代，人类要在恶劣的自然环境下生存，除了要付出艰辛的劳动去获取生活必需品外，还要通过性爱活动来繁衍后代。在远古人类看来，性爱是神圣的活动，并且具有神秘性。远古人类对性爱的神化，还表现在对生殖器的崇拜上。特别是在人类进入直立行走阶段之后，生殖器被一览无余地暴露出来，势必需要采取一些手段或形式来显示其神圣和崇高，如最初的树叶、鲜花，继而使用兽皮来遮掩或装饰生殖器官，以后又扩展到其他的性感部位。这些就是今天的服装的雏形。因此也有人认为，对性的崇尚是服饰产生的直接原因，要获得性的刺激和吸引异性的好感是服饰最基本的功能。

五、地位象征说

社会形成之初，人与人在地位、权利上就存在着很大的差别，人类为了以示区别，会以佩挂配件作为某种象征（勇士、酋长等）或者某种记录（功劳、罪过等）。在原始社会已经存在这种身份的象征。以狩猎民族举例，他们之中的佼佼者总是会将被捕获动物的皮毛做成衣物挂在身上，以炫耀标榜自己的能力。而德高望重的酋长或者首领往往将头到脚都进行隆重的装扮，以显示自己与他人的区别。即使他们已经年老体衰，也绝对不会放弃这种沉重复杂的装扮。服装的象征不仅可在原始的狩猎民族中体现出来，在古今中外的文明社会中也都是这样的。我国自古以来就采用服装的颜色、花纹、材质等区别等级。见图 1-4。

图 1-4　部落酋长

第二节　服饰的流变

一、西方服饰

本书中的异族文化主要指的是与亚洲一带的“东方”相对的“西方”文化。西方文化的服装史即是以西欧国家为主，上溯至美索不达米亚和埃及的服装发展史。西方服装体现出与东方服装相迥异的风格，特别是其中所蕴含的文化元素，代表了人类服装史的一个重要组成部分。

追本溯源，西方服装从诞生之日起就充满了激进的思想与吸收外来文化的大度，所以说西方服装文化是一种多源性的文化。它的文化源自古罗马文化，受当时的绘画、雕塑等造型艺术的影响至深，其审美视觉历来重视立体的造型。在西方服装史上，13 世纪初期就已确立了立体三维的裁剪方法。而三维裁剪的发明和运用成为东西方服装的分水岭，从此，西方服装变得立体，外形变得富于变化，同时尽可能地让造型体现形体美。

（一）古希腊和古罗马服饰

我们认为想要了解西方服饰，就必须要先了解古希腊和古罗马的服饰文化。

古希腊文明曾得到全面的发展，其文化艺术的高度成就成为世界古代文明发展的一个巅峰。古希腊文明崇尚自由，富于热情，又强调理性。希腊艺术的主要特点是无所不包的和谐与规律性、庄严与静穆，它的主要标志是人体美。古希腊人的服装也表现出了这种艺术精神，希腊人衣裙上缕缕下垂的衣褶中，有着古希腊建筑中柱式的特点。古希腊建筑中贯通柱身的条条凹槽在阳光照耀下显出优美的明暗变化与层次；古希腊人服装上的褶纹随着人体的动作会不断地千变万化，更富有活动的韵律和节奏，表现出人体的自由和健美。古希腊的服装独具风采，以其自然、质朴的风格体现出一种健康、自由、充实的美。见图 1-5。

古罗马人的服装属于披裹式的半开衣。从发展史看，古罗马文化和古希腊文化有着密切的联系。当古罗马征服古希腊以后，更是对古希腊的文化艺术大加推崇发扬，与罗马文化融会贯通。我们从服饰上也看到了它们的一致性。但是，由于古罗马是贵族专制的共和国，文化艺术多为帝王将相和贵族服务，更多地表现贵族的情趣爱好，因此古罗马服饰比古希腊服饰更加贵族化，更为奢侈、华丽。服饰的面料有轻软的羊毛织物和亚麻布，后期的罗马从东方引进了昂贵的轻薄美丽的丝

图 1-5　古罗马 Toga

织物。为了织绢，533 年在东罗马已设有专门的织布机，原料从东方输入。

（二）拜占庭服饰

西欧从 4 世纪末开始，日耳曼民族大迁移，低文化的日耳曼民族终于灭掉高文化的西罗马帝国，成为西欧中世纪历史舞台上的主要角色，为形成近代欧洲文明打下了基础。古代日耳曼民族生活环境地处山洪排水道口处，环境恶劣，造就了这个民族深思熟虑的头脑，他们不得不为了生存而拼命干活。可能是为了自身行动方便，他们慢慢脱离了古希腊古罗马的传统文化，顺应自然环境，形成了那种自然发生的四肢分离的体型服饰。而这种服饰就是现代西欧服装的起源。

欧洲中世纪拜占庭样式服装继承和发扬了古希腊与古罗马的文明和艺术风格，同时又糅合了东方精美华丽的刺绣图案，并以丝绸为贵为尚。代表服装款式主要有大斗篷样式、拼贴样式和刺绣样式。见图 1-6、1-7、1-8。

图 1-6　大斗篷样式

图 1-7　拼贴样式

图 1-8　刺绣样式

国际一流品牌杜嘉班纳也曾在自己的服装设计中运用拜占庭服饰的元素。见图 1-9。

图 1-9　杜嘉班纳 2013 秋冬秀场图

(三)文艺复兴时期服饰

到了14—16世纪,在文艺复兴思潮影响下,人们开始反对封建神学,反对教会的禁欲,提倡个性、人性解放,这些思想、文化、艺术等对服装产生了重大影响。服装开始改变用符合人体的自然形态来表现造型,越来越无视人体,走向了极端的追求服装个性造型美道路。从中世纪对女性美避而不谈的宗教禁欲阴影走出来的女人们为了突出自己的曲线美,开始让坚硬的紧身胸衣和庞大裙撑组合来完成自身的曲线美。

当时的英女王伊丽莎白一世曾一度倡导束腰,这深深影响了那个时代以及之后五个世纪之久的女性。紧身胸衣的长期使用,使女性腰身被勒得越来越细,并且为了强制使效果更好,甚至出现了铁质胸衣。这种对美病态的追求严重摧残了女性的身体健康,不仅使她们的骨骼严重变形,也使内脏发生了位移,致使那个时代的女性怀孕后很容易流产。见图1-10、1-11。

图1-10 伊丽莎白一世

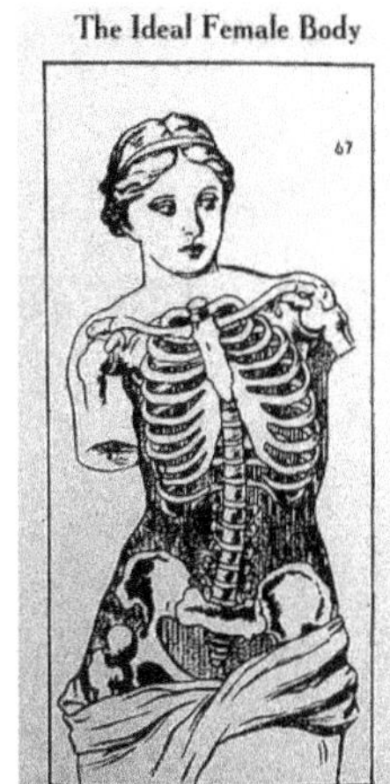

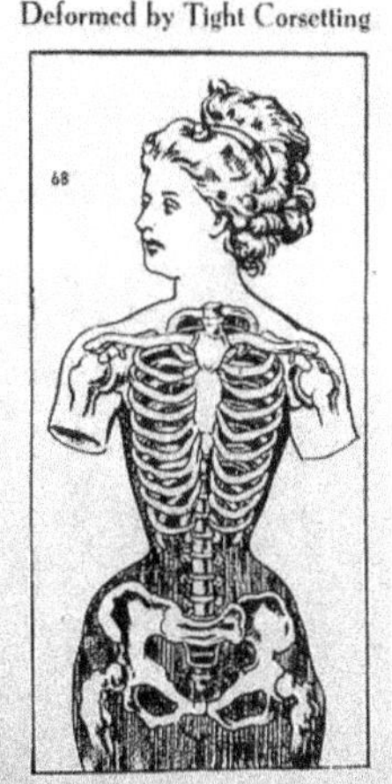

图1-11 变形的骨骼

巨大的裙撑也是当时女性服装的一大特色。裙撑的作用是使裙子蓬松鼓起来,让下身显得丰满。裙撑一般用铁丝或者鲸须来做,但多数情况下用鲸鱼须做成,因为鲸鱼须非常柔软有弹性又不容易损坏,女士们穿着它也便于坐立。见图1-12。

用作装饰的拉夫领也很特别。拉夫就是围在脖子一圈,好像个大圆盘似的均匀褶皱领子。一般皇室成员或有一定身份地位的人才可以佩戴。佩戴的目的是让人整体看起来更庄严、尊贵、骄傲。

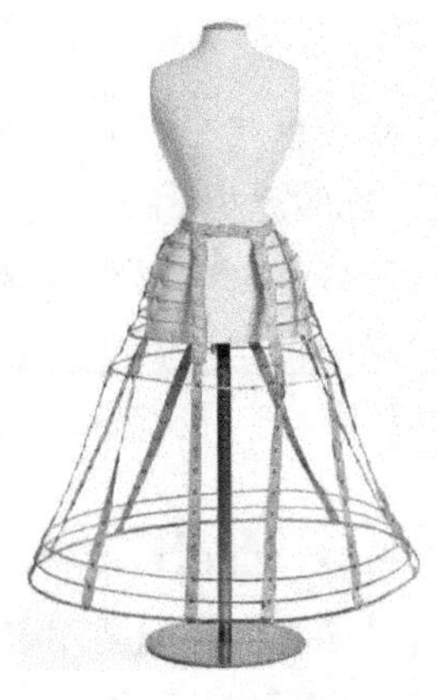

图 1-12　早期裙撑

（四）巴洛克服饰

巴洛克，17 世纪欧洲广泛流行的一种艺术样式，特点是宏大、绚丽、夸张、激情、宗教感。这一时期服装充满生气和律动，强调装饰性、恢宏性，是缎带、花边、皮革、长发的时代。法国路易十四执政时期是巴洛克风格成熟时期。见图 1-13。

图 1-13　巴洛克时期服饰

路易十四时期女子已经很少使用裙撑，而是用多穿裙子的方法使其蓬松。到了 17 世纪中期，在继续束紧细腰的同时女人们开始使用一种月牙形臀垫，当时称作巴黎臀垫。使用时系在后腰线下裙子的里面，让臀部膨大翘起。外层裙子撩起，用花结或缎带拉向背后在臀部系结，露出里面的衬裙。其余的裙摆则在后面垂落下来拖得很长。女装领口开得很大，几乎要袒露出乳房，沿着大领口装饰有一条宽平领子或者是把布弄成柔和的细碎褶装饰在领口上。袖子部分像泡泡一样，一接骨一接骨的袖子里塞满了棉花。见图 1-14。

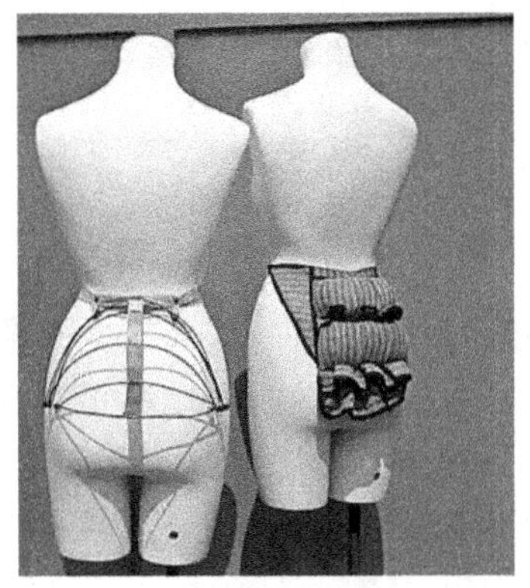

图 1-14 巴黎臀垫

(五)洛可可服饰

洛可可是法国古典主义以后衍生出来的风格，服装的发展不仅受一些客观条件影响，并且也受这个时期洛可可艺术思潮的影响，颜色柔美细腻，在设计和造型上也越来越烦琐复杂，越来越膨大，直到 1789 年法国大革命前达到登峰造极的地步。洛可可时期无论是室内装饰还是女服，都无比浮华精美。以路易十五的情妇蓬巴杜夫人为首的贵族左右着 18 世纪前半期的洛可可风格。见图 1-15。

这时期的裙撑比以前的都要大，叫“帕尼埃”，起初为钟形，后来演变成了椭圆形，前后扁平，左右宽大。穿上去后就会形成非常夸张的臀部造型。可以看出这时期女装越来越无视人体，走向极端追求造型美的风格。并且“帕尼埃”外层面积的增大，给表层装饰创造了更多的机会。蝴蝶结、花朵图案、堆褶、蕾丝、绸缎、绸带、人造花饰物等装饰遍布全身，显得服装上上下下如花似锦，富丽堂皇。

图 1-15 洛可可时期服饰

高耸向上并且造型浮夸的发型成为那个时代的潮流。宫廷高发髻上不仅有珍珠宝石的镶嵌，高雅的假花花卉，飘逸的羽毛缎带，还有小鸟、丘比特像、树枝、蔬菜等装饰物将整个头部弄得无比盛大。这高耸的发型，在当时还有一些有趣的名字，如“英国花园”“疯狗”“泡沫急流”等。

(六)浪漫主义时期服饰

1814年拿破仑退位，路易十八即位，从此波旁王朝复辟，复辟的日子里，知识分子们是苦闷的，于是在文学和艺术领域掀起了浪漫主义思潮。这时期服装与浪漫主义的文学和绘画一样，充满热情与幻想，在造型上又开始夸张起来。那个时期女装都是不便于穿着的重装。这与古典主义时期那种薄的透肉的装束形成明显反差。见图1-16。

图1-16　浪漫主义时期的服饰

19世纪末，欧洲女装又开始流行在裙子里面穿臀垫，这与20世纪的“巴黎臀垫”相似，都是将臀部造型向后夸张，用裙撑将重心移到高高翘起的臀部。我们可以从一幅名画来看看19世纪末时期的巴斯尔样式女装。见图1-17。

图1-17　修拉《大碗岛的星期天下午》

(七)现代主义思潮下的服饰

20世纪,两次世纪大战使得现代艺术思潮盛行,再赶上这时东方与西方文化的碰撞相融使得男士和女士着装发生了很大的转变。由于女权主义、妇女解放运动的影响,追求男性化以及个性的表现意识、思潮,对机能的要求都反映在现代服装上。女装流行干瘪扁平的胸,低腰身的外形。见图1-18、1-19。

图1-18 霍布尔裙

图1-19 奥黛丽·赫本

霍布尔裙开始风靡。这是一款让女人迈不了大步的裙子,因下摆口小迈不开步而得名。该造型由法国著名服装设计师"保罗·让利"设计推出后一度在1911—1914年间的欧美十分风靡。女士们穿上后看起来蹒跚摇曳,因此又取名为"蹒跚走路的裙子",音译后为"霍布尔裙"。

二、东方服饰

中国古代服装犹如一幅长卷,在数千年的长河中徐徐展开,呈现出繁复万千的美态。各个民族从原始社会、夏商周、春秋战国、秦汉、魏晋南北朝、隋唐、宋辽夏金元、明清直至发展到近现代,都以其各自鲜明的特色为世界所瞩目。

(一)夏、商、周时期的华夏服饰

原始时代的服装形式,虽有个别考古资料的发现,但由于材料太少,还不能对该时期的服饰作详细的说明。夏商周时期,中原华夏族的服饰是上衣下裳,束发右衽。河南安阳出土的石雕奴隶主雕像,头戴扁帽,身穿右衽交领衣,下着裙,腰束大带,扎裹腿,穿翘尖鞋。这大致上反映出了商代服饰的情况。见图1-20。

图 1-20　上衣下裳

周初制礼作乐，对贵族和平民阶层的冠服制度作了详细规定，统治者以严格的服装等级来显示自己的尊贵和威严。深衣和冕服始于周代，这两种服制对后世都产生了深远的影响。图 1-21 是十二纹章。

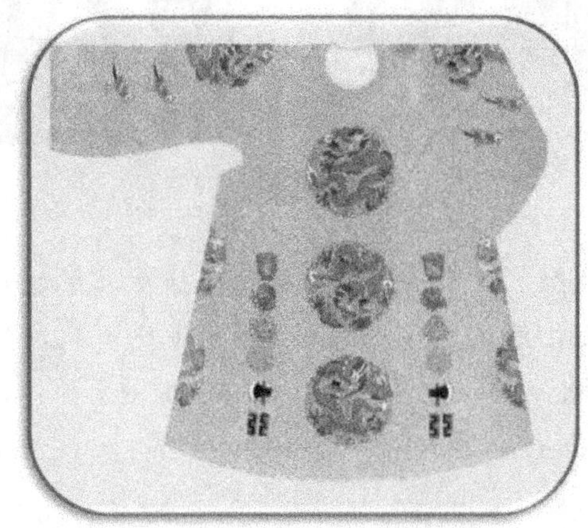

图 1-21　十二纹章

在整个先秦时代中，春秋以前属于奴隶制社会，战国以后则进入了封建社会。伴随着社会分工的扩大，各种手工业得到了极大的发展，出现了所谓的"青铜文明"。而随着青铜文明的发展，青铜纹样逐渐被运用到人们日常服饰的图案设计中，并随着社会的进步不断发展着。

(二)汉代：传统冠服制确立

汉代深衣仍很流行，汉代是传统冠服制的确立时期。汉代的裤是开裆的，外罩以裳或深衣。后虽然出现满裆裤，但开裆裤仍长期存在。

在服饰面料图案的装饰上，一改商、周代中心对称、反复连续图案的组织形式，而是以重叠缠绕、上下穿插、四面延展的构图，并以幻想和浪漫主义手法，不拘一格地进行变形，形成了活泼的云纹、鸟纹和龙纹图案。在此服饰图案的运用经历了从最原始的一种蒙昧美的追求，到图腾的崇拜及权力、地位的象征这样一个发展过程，已经达到了人的主观上的艺术加工、创造的境地。也就是说，图案作为服饰装饰不单单是美的象征，而是更加突出地表现了它的艺术欣赏价值，尽管它蒙上了一层权力等级的色彩（即阶级的色彩）。为此我们说，服饰图案的运用到了汉代时，已经有了较高的艺术表现力。

另外，随着阴阳、五行文化传统的强化，汉代时还出现了“五时服色”，是用于迎气时穿着的：立春日，百官到东郊去迎春，旗帜、冠服都要用青色；立夏日，百官则到南郊去迎夏，穿红色服装；立秋前十八日，是祭皇帝后土，应穿黄色；立秋日，百官则到南郊迎秋，穿白色服装；立冬日，百官则到北郊迎冬，穿黑色服装。此外，汉代还规定了以冠帽种类和印绶及颜色作为区分官阶等级的依据。见图 1-22。

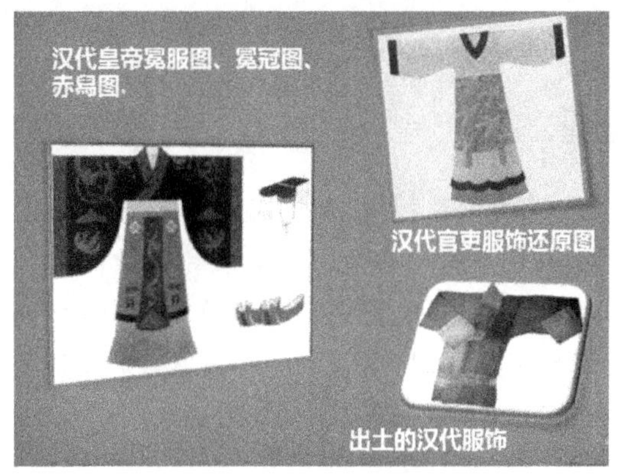

图 1-22　汉代服饰

（三）隋唐时期服装的转变

隋唐时期，政治和经济的稳定和繁荣，使其能上承历史服饰之源头，下启后世服饰制度之经道，所以，这一时期成为中国古代服饰制度发展的重要历史时期。男子的常服为幞头、袍衫、穿长靿靴。但此时的袍衫与前朝略有不同，式样为圆领、右衽、窄袖、领袖裾无缘边。此外，还有襕袍衫和缺胯袍衫等式样。这种袍衫主要是受胡服影响，并且与汉族的生活习惯和礼仪特点相结合，形成了这时期袍衫的风格。

在唐朝最独特的要属当时粉胸半掩的女装了。中国传统封建礼教对女性要求严格，不仅约束其举止、桎梏其思想，还要将其身体紧紧包裹起来，不许稍有裸露。但唐代国风开放，女子的社会地位有了极大提高，生活空间也更为广阔，着装风气也开先河，以袒颈露胸为时尚。袒胸装的流行与当时女性以身材丰腴健硕为佳，以皮肤白晰粉嫩、晶莹剔透为美的社会审美风气是分不开的。唐代的女装颜色也特别艳丽，尤其以红色裙子最为时尚。由于那时候古人用来染红裙子的染料一般都是石榴花，所以红裙也有石榴裙之称。而“拜倒在石榴裙下”也成为崇拜爱慕女性的俗语。见图 1-23。

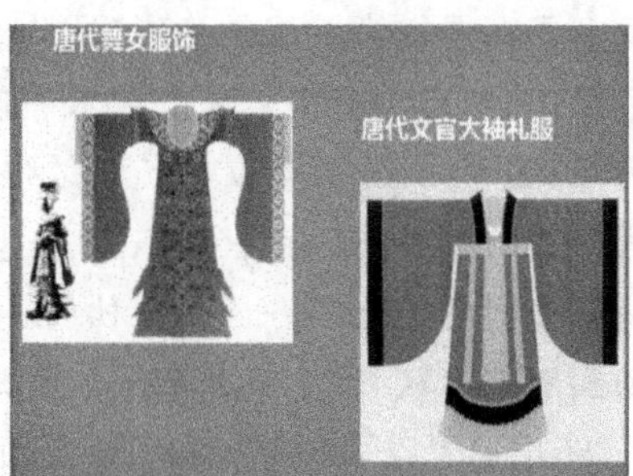

图 1-23　唐代服饰

(四)宋代服装趋于保守

宋代的服饰，大体沿袭唐制，但在服装式样和名称上略有差异。宋代的缺胯袍衫式样有广袖大身和窄袖紧身两种。穿褙子和半臂的习惯极为普遍，但都不能作为礼服穿用。总的来说，宋代的服饰比较拘谨保守，色彩也不及以前鲜艳，给人以质朴、洁净、淡雅之感，这与当时的社会状况，尤其是程朱理学的影响，有密切关系。见图 1-24、1-25。

图 1-24　宋代服饰之一

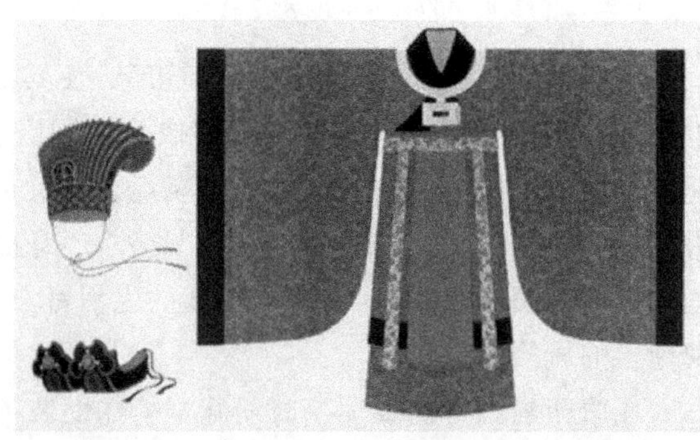

图 1-25　宋代服饰之二

宋代统治者为了维持尊卑贵贱的品级关系和长上庄严的目的，在服饰上也有严酷的品级之分。宋代的服装面料，讲究的以丝织品为主，品种有织锦、花绫、纱、罗、绢、绎丝等。宋代织锦以成都蜀锦最有名，花纹有组合型几何纹的八搭晕、六搭晕、盘毬等；几何填花的葵花、簇四金雕，大窠马打毬，雪花毬路、双窠云雁等；器物题材的天下乐(灯笼锦，是文彦博在成都为谄媚仁宗张贵妃而创制)；人物题材的宜男百花等；穿枝花鸟题材的真红穿花凤、真红大百花孔雀、青绿瑞草云鹤等；花卉题材的如意牡丹、芙蓉、重莲、真红樱桃、真红水林檎等；动物题材的狮子、云雁、天马、金鱼、瀏鶒、翔鸾等；几何纹的龟纹、曲水、回纹、方胜、波纹、柿蒂、枣花等。宋代服饰纹样受画院写生花鸟画的影响，纹样造型趋向写实，构图严密。

(五)辽、金、元时期

辽、金、元时期的服饰有一个共同的特点，既沿袭汉唐和宋代的礼服制度，又具有本民族的特色。辽金男子的服饰多为圆领、袖的缺胯袍，着长统靴或尖头靴，下穿裤，腰间束带。元代男子的服饰有汉族的圆领、交领袍，也有本民族的质孙服，其形制与深衣类似，衣袖窄瘦，下裳较短，衣长至膝下，在腰间有无数褶裥，形如现今的百褶裙，在腰部还加有横襕。领型有右衽交领、方领和盘领。下穿小口裤，脚穿络缝靴。服色以白、蓝、赭为主。此外，元代服饰在质料上发生了较大变化，由于棉花的广泛种植，棉布成为服饰材料的主要品种。

金人崇尚白色，认为白色洁净，同时也与地处冰雪寒天有关，与衣皮、皮筒多为白色也有关。富者多服貂皮和青鼠、狐、羔皮，贫者服牛、马、獐、犬、麋等毛皮。夏天则以伫丝、锦罗为衫裳。男子辫发垂肩，女子辫发盘髻，也有髡发，但式样与辽相异。耳垂以金银珠玉为饰。女子着团衫、直领、左衽，下穿黑色或紫色裙，裙上绣金枝花纹。见图 1-26。

图 1-26　女真人、契丹人、西夏人服饰

（六）明代的服装继承前代

明代的服饰，大体上沿袭唐制，但宋元服装形式中的某些式样也有保留。

明太祖朱元璋限制服饰的颜色，借此确立品级。明代继元之后，取法周、汉、唐、宋，服色所尚为红色。官员服色以红色为尊。那时还划定，玄、黄、紫三色为皇家专用，而仕宦平日的服装，均不许用这三种颜色，违者即属触犯法令。

服饰的装饰纹样要求美与内容吉利的统一，是我国服饰艺术的特色。宋元以来，随着理学的发展，在装饰艺术领域反映意识形态的倾向性越来越强化，社会的政治伦理观念、道德观念、价值观念、宗教观念都与装饰纹样的形象结合起来，表现某种特定的含义，几乎是图必有意，意必吉祥。后来图案界就把它们叫作“吉祥图案”。吉祥图案利用象征、寓意、比拟、表号、谐意、文字等方法，以表达它的思想含义。

（七）清朝服饰发展达到顶峰

清代的服饰是我国服饰发展的顶峰，服饰图案在这时的装饰作用已达到了登峰造极的程度。清代的服饰对近现代服装形式影响较大，清代与以往任何朝代都不同，是以少数民族服饰完全取代汉族服饰为主的朝代，汉族服饰逐渐淡出历史舞台。到了清代，服饰的装饰纹样就是繁杂堆砌。如果说清代服饰的发展与历代服饰也有不同的话，那么，在这里所要说的，就是各种服饰配件的完善、图案的烦琐，以及等级观念在图案上的反映更加森严明确了。清代在图案的设计上承袭十二章的纹样并将其进行进一步的发展，十二章纹在衣服上的分布位置是：左肩为日，右肩为月，在明代的八吉祥纹样的基础上，集图案的装饰作用之能事，使之达到了繁纷的程度。见图 1-27。

图 1-27　清朝各个时期与民国的服饰比较

清代男子服饰可分为两种：满族民族服装；外来西洋服装。清代袍的式样，是在满族传统基础上加以变化，并吸取汉族服装特点。一般袖子比较窄瘦，礼服是箭袖，又称马蹄袖。袍身用钮扣系结。右衽大襟，圆领口。皇室的袍有前后左右四开气，而士庶男子只能在左右开气。马褂是清朝特有的满式服装。它式样多为圆领，有对襟、大襟、琵琶襟等式样，有长袖、短袖、大袖、窄袖之分，但均为平袖口。直到清末西洋服装传入和辛亥革命后，中国的服装才起了重大变化，进入了近现代服装发展阶段。

三、中西方服饰差异

由于中国社会长期以来一直受到儒家和道家思想的影响，对于穿衣的一个要求或者说一个观念就是“文质彬彬”“披褐怀玉”。两者都是对衣着持一种优雅庄重的态度。中国向来注重礼教，衣着体现的是一个人自身的修养和对他人的尊重程度。若是一个人露出肌肤便出门，则会被称作不雅甚至下贱之人。这一点在古代女子身上尤为明显，封建社会女子缺乏自我维护尊严的权力，有段时间或一些地区，她们出门“必拥蔽其面”。另外，中国讲究“天人合一”，致力于达到人和自然的融合，所以服饰都比较平面及飘逸，同时性别差异也不明显。

西方则是相反，他们的观念是人与自然的对立，突出人的个性。西方人认为服饰是体现自我个性的一个重要部分，他们也热衷于通过服饰表现自我，标榜自我。尤其在文艺复兴之后，欧洲人倡导个性解放，思想也更为开放，服装艺术也得到了进一步的发展。西方人更多喜爱奇装异服，在现代也是如此，像 Lady Gaga，奇特的装扮夺人眼球，也是突出自我、解放个性、解放思想的一个重要途径。

再加上东方人的身材和五官，相对于西方人而言比较平面单薄，在这种外形不够立体的情况之下，服装也跟着比较平面，以掩盖自身缺点；西方人五官和身材都比较立体饱满，穿着凸显身材的服饰会为美加分。所以从古至今，中西方服饰的差异都十分明显。以下笔者主要从廓形、色彩、图案、材料四个方面来讲述它们的差异。

（一）廓形

中国人素来在穿衣方面比较保守与矜持，不喜欢大胆而奔放的打扮样式，所以服饰一般以遮与包为主，在传统服饰中尤多体现。而遮羞，也被认为是服饰起源的重要原因之一，“古者田渔而食，因衣其皮，先知蔽前，后知蔽后”。所以，中国服饰通常情况下，都是将人包裹起来，很少有大片露出身体的结构及样式；而西方服饰则比较奔放，在古希腊到中世纪的时候，西方服饰以披裹式的非成型类衣和前开式的半成型类衣为主，强调和突出人体的线条美，如紧身胸衣、臀垫等等。在洛可可时期，为体现纤弱动人的腰肢，女子要从未成熟少女期开始，日夜束身。所以我们看到的许多画作和影视剧中的西方男女所着服饰都比较大胆，并且身材也更加突出明显。

中国着装注重整体的端庄，传统文化对于奇装异服都比较排斥。如《左传》中有一节描述了一个人穿着一身偏衣，则被人称作"尤奇无常"，是"疯子也不愿意穿的服装"，故中国传统服饰都是比较正统的，很少有奇异打扮的出现；而西方很多时候都将穿着奇特作为一个人的个性，有的服饰是由不同布料东拼西凑剪裁而成。

（二）色彩

中国传统中将青、赤、白、黑、黄定义为正色，而将这几种颜色所混合调制出的颜色成为间色。而正色比较正统，间色就比较偏。"恶紫之夺朱也"中，"朱"为正色，"紫"为间色。黄色则是作为帝王的象征，在中国古代，明黄色只能是皇帝穿着，其他王亲贵族、官员及寻常百姓只能穿着深黄或者带朱色的杏黄。赤，象征着太阳、火、血，也象征着喜庆，所以也是吉祥的颜色。而黑白，则是代表丧事。自古就有红白事一说，白色和黑色都是不吉的颜色。

西方则恰恰相反，在西方文化中，白色代表至高无上的纯洁，也是高贵的象征。我们所看到的贵族女子穿着服饰，都以白色为主。而黑色在英国文化中也象征着高贵，黑天鹅绒和黑缎在贵族女性之中也十分受欢迎，黑西装则是优雅尊贵的一大代表。

（三）图案

在中国文化中，龙凤是阶级地位的象征也是有名的图腾，它代表了至高无上的等级地位，庄重且威严。龙袍只有皇帝才有权力穿着，凤冠一般也只有王后才有权力戴。而中国服饰对于图案也是相对比较注重，我们经常能看到的一些刺绣图案，包括飞禽走兽、山水花卉、几何式样等，都能为服饰增添美感，更显精致。而福禄寿喜、鹤鹿同春等则又为服装增加了吉祥喜庆的寓意。

西方服饰上的图案则不定，随着时代的变化而改变。如洛可可时期注重自然，图案就以大量自然花卉为主题，主要采用蔷薇和兰花，再用茎蔓把花卉联系起来，显得格外动感流畅又唯美；文艺复兴时期纹饰图案和立体装饰极尽奢华与富丽，花卉图样相较于洛可可时期，更加华丽，且由于对异教世界及其神话传说的重新认知，用上了雄狮及飞鹰的图案。

（四）材料

中国传统服饰采用的主要有丝、棉、麻等。中国的丝织物品种十分多样，如绮、纨、缟素等，很多文学作品之中也有关于丝织物的描写，如云罗、锦衣、轻纱等。而这类丝织物基本是供贵族穿着的，一些贫者或普通人家则穿着“大布”，大布即麻纤维所制成，手感比较粗糙。

古代西方的服装面料主要是半毛织物和亚麻布。随着东西方文明的相互交流，中世纪西方已有了许多名贵的面料，除东方丝绸、锦缎之外，还有天鹅绒、高级毛料、北欧的珍贵裘皮等。

第三节　服饰的畅想

一、多元文化交互演绎纷呈

（一）中国传统元素在世界服饰中的运用

在第63届戛纳电影节上，范冰冰的“龙袍加身”成为媒体焦点，见图1-28。其着装水准得到国际时尚评论家认可，整个造型在国际红毯上被评为惊为天人的一幕。她的这件明黄色龙袍礼服上绣有两条栩栩如生、争夺龙珠的飞龙，龙袍下摆排列着代表深海的曲线，这里被称为水脚。水脚上装饰有波涛翻卷的海浪，挺立的岩石，寓意福山寿海，同时也隐含了万世升平。在龙纹之间，绣以吉祥图案五彩云纹，既表现祥瑞之兆又起衬托作用。在数千年的演变中，龙已成为一种中国文化的凝聚和积淀，成为中华民族的象征。这一件具代表性和纪念意义的龙袍在2011年的秋季正式入驻杜莎夫人蜡像馆，继续向世界展示华美高贵的东方神韵。黄色的龙袍、刺绣、五彩祥云是应用中国传统元素的典范，也再次印证了一句话：“越是民族的，越是世界的。”

图1-28　范冰冰在戛纳电影节的“龙袍”

“中国风”这个词语想必大家都不陌生，这个词语起源于18世纪的法国，是属于欧洲洛可可风格之下的一种艺术风格，主要是指欧洲18世纪兴起的以崇尚中国文明、传播中国哲学，模仿中国艺术风格为特征的文化现象。发展至今，这个词语已经不仅仅是一般意义上的中国风格，而是反映了西方人对中国艺术的理解和对中国风土人情的想象，同时掺杂了西方传统的审美情趣。19世纪以后，西方服装开始吸取中国传统服装的面料、图案、款式和色彩等方面的设计、制作精髓，20世纪出现了以“中国风”命名的高级时装系列。对于中国风格元素的运用成为设计师表达内心东方调的情感出口。20世纪后期，“中国风”式的时装成为时尚舞台中一颗难以忽视的耀眼明珠，相继被各大设计师运用在作品中，成为承继传统与现代、连接前卫与经典的纽带。

刺绣是中国优秀的民族传统工艺之一，是在绸缎、布帛和现代织物等材料上，用丝、绒、棉等各种彩色线，凭借一根细小钢针的上下穿刺运动，构成各种优美图像、花纹或文字的工艺。而如今，刺绣这一中国元素迅速风靡服装界，在国际时装舞台上魅力尽显。刺绣经常出现在衣饰边缘、裙摆等身上的各个部位，成为华丽的细节。近几年，在品牌服饰中更多地运用贴绣、珠绣等不同的刺绣方法，使图案更加细腻，花型更加立体，造型大方朴实。正是传统与现代、东方与西方的融合运用，使现代服饰更具时尚风情。刺绣体现的审美特点除了端庄典雅、温婉大方之外，更平添了几许少女情怀，成为年轻丽质与成熟典范的融合。图1-29、1-30均为Dior T台上的剪纸元素运用。

图1-29　Dior 2009春夏款

图1-30　Dior 2012秋冬款

如果说刺绣元素是表达中国风格最浅显、最表象的手段，那么高明的设计师则更注重挖掘中国文化的内在意境。青花瓷元素及中国水墨画元素的运用就是中国传统意境在服装设计中的美学升华。

中国瓷器历史悠久、质地精美、享誉海外。青花瓷是中国瓷器之中最能体现中国文化与中国文明的象征，别具特色。一青一白的对比是古老民族的智慧结晶，也是我国传统文化的集中体现。青花瓷青白相间的色彩及纹样给人一种有如蓝天大海、青山绿水的优雅、恬静、清闲的感觉，使人心旷神怡、赏心悦目。

2005 年罗伯特·卡沃利将青花瓷元素首次运用到服饰中，开创了服装界的青花瓷时代。2008 年的北京奥运会上亮相的青花瓷系列颁奖礼服使世界的目光再次集中到青花瓷元素的独特魅力之上，使这一代表中国特色的元素成为引领时尚界的风向标。礼服巧妙地运用了旗袍与青花瓷元素这两大中国元素，使服装与图案达到了完美融合，展现出东方女性优雅、温婉的气质。自此之后，青花瓷成为服装界又一体现东方气质的元素，被世界各国的设计师广泛应用。Dior 的设计师约翰·加利亚诺将青花瓷元素与西方礼服相结合，将青花瓷这一传统元素的特点展现得淋漓尽致。这些礼服都表达了同样的视觉效果，精致的青色线条绣在白色的旗袍上，既打破了纯白的单调，又增加了清澈明快的情调，展现了青花瓷胎质细腻、青色浓艳、纹样优美的特点。同时也带来了一种趋向宁静的心理反应，使人们感觉清纯美妙，将这些美由女性柔美的气质演绎出来，形成了人与服装的完美融合。见图 1-31、1-32。

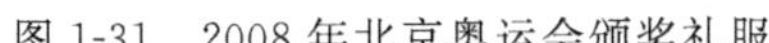

图 1-31　2008 年北京奥运会颁奖礼服　　图 1-32　罗伯特·卡沃利的设计

在中国传统艺术中，与青花瓷拥有相同地位的水墨画也逐渐在世界时装舞台中崭露头角。水墨画浓中有淡、浓淡相宜的特点，很大程度上体现了中华民族的审美取向，体现着民族文化的深刻含义。水墨画之意境在服装设计中的运用主要体现在对服装面料的设计之中。水墨画讲究墨与水的比例，讲究用笔与用力的节奏，讲究虚实与墨晕的变化，讲究知白守黑与知黑守白的穿插关系。越来越多的服装设计师从水墨画的精髓中寻找灵感，并运用到服装面料的设计之中，使面料产生新的视觉形式与独特的艺术风格，赋予面料水墨的美感。水墨画中可以用笔墨表现不同肌理，服装面料的设计同样可以通过吸取水墨画的肌理特点使面料产生或粗犷，或柔美，或纤细的风格差异。

当今服装界对于中国水墨意境在面料设计中的运用已经发展得相当成熟，大量的设计师已经在作品中运用了这经久不衰的元素。在设计中运用一些淡雅的颜色渲染出水墨效果，宛如水墨画运笔般轻巧流畅，浓淡相宜，可以使整套服装给人以清秀宁静、安静平和的审美感受，同时蕴含着宁静高远的意境，有一种安逸、淡雅的视觉效果。黄色沙质面料的设计，如流水般随着模特的走动缓缓飘扬，同样是艾利·萨博的设计，但面料的不同带来的整体审美效果也大不相同。这款纱质长裙面料简洁、飘逸，整套服装给人以清新、舒适的审美感受，同时衬托出模特自然、青春的气质以及流水般的活泼律动，见图 1-33。

而图 1-34 Valentino 2010 年春夏时装展上的这件纱质披风同样是对水墨元素的运用。但给人的视觉效果却又不相同。这件暖色系的披风给人以随心所欲、潇洒豪放的感觉，面料产生的自由、洒脱的视觉效果突出了穿着者思想活跃、追求自由、追求个性的生活态度。

图 1-33　Elie Saab 2010 春夏款

图 1-34　Valentino 2010 春夏款

（二）日本传统元素在现代服饰中的运用

浮世绘是日本的一种独特民族艺术形式，是指 17 世纪至 19 世纪所流行的一种以木刻版画为主的绘画形式,绘画的题材主要为人们的日常生活情境、花鸟风景以及人物,是典型的民俗艺术。19世纪欧洲从古典主义到印象主义乃至20世纪的现代主义无不受到日本浮世绘艺术的影响。时至今日,浮世绘的艺术魅力并没有随着时间的流逝而消失,而是凭借着其卓越的审美价值对当今的艺术设计界产生了不可忽视的作用,在现代的服装设计领域也是这样。

随着现代社会的发展,越来越多的设计师开始追溯历史,浮世绘独特的装饰形式与东方情调深深地吸引着当代的服装设计师,设计师们通过对浮世绘艺术元素进行借鉴与再创新,向我们展示了服饰上的"浮世绘"。浮世绘丰富的画面图案为服装设计师带来了大量可供使用的素材,浮世绘中传统的山水风景、人物等图案更是表现了日本民族的生活情境和审美情趣,具有浓郁的民族特色。服装设计师们将浮世绘中传统的图案应用在服饰中,设计出具有日本风情的服饰。例如,一直与日本文化有着不解情缘的迪奥(Dior)品牌,在早秋Dior 2015高级成衣秀系列,再一次向日本文化致敬。而Dior之前在日本风格主题的设计中,就有将浮世绘的图案应用在服装设计上的先例。再如Dior 2007春夏高级订制——"蝴蝶夫人"系列中的作品,日式和服、宽腰带、艺妓妆容无不是日本元素的体现,而除此之外,衣服上图案山水、花卉等也多取材于浮世绘,有的甚至是直接借鉴了葛饰北斋的《神奈川冲浪里》作品中的风景图案。见图1-35。

图1-35　Dior 2007春夏款

而在Matthew Williamson 2012早春度假系列女装中,设计师也将目光锁定了浮世绘的元素,浮世绘中的许多山水和人物画图案被运用到这一季的服装设计中来。淡雅脱俗的颜色加以浮世绘中独特的题材,向我们展示了浓浓的日本风情。见图 1-36。

图 1-36 Matthew Williamson 2012 早春款

（三）美国文化在现代服饰中的运用

20 世纪 70 年代，涂鸦作为一种反传统和反主流的艺术现象风靡西方，是青年人嘻哈亚文化的表现之一，主要集中在美国的纽约。到 20 世纪 80 年代前半期，涂鸦绘画已成为纽约画派最流行的一种绘画风格。现在，在美国朋克文化的影响下，涂鸦已经形成一种世界流行的街头文化，并因为更多善于、热爱绘画人的参与，被赋予了时尚的现代风格，甚至被看待为一种公共艺术。起源于街头的涂鸦被人们赋予了新名词——街头艺术。

在当今世界，服装设计作为现代设计的一个分支，已经成为结合艺术世界和技术世界的“边缘领域”，服装设计大师们越来越追求的一种无目的性、不可预料的和无法准确测定的抒情价值，创造能引起诗意反应的物品。这意味着，今天的设计风格正在迅速地向艺术产品靠拢，设计与艺术之间的界限正在消逝。

这一点在 2001 年服装设计师的春夏作品中得到充分的验证。LV（路易威登）不仅将耀眼的街头艺术形式“GRAFFITI”幽默诙谐地运用在鞋子和成衣的设计上，更用在了传统的路易威登 Monogram 图案帆布旅行箱、手袋和旅行袋上，将反传统的“GRAFFITI”表现形式与其传统的军服对立起来。在 LUELLA 的粗斜纹棉布女装、连衣裙和泳装等大量设计作品中，源于涂鸦艺术的灵感随处可见，运用明亮的色彩创造了一个欢天喜地的世界。混杂了文艺复兴艺术、超现实主义绘画、连环漫画以及儿童电视动画片太空时代的奇妙世界的素材。所有带着 20 世纪 80 年代诗情画意的设计使这一季的女孩成为伦敦的心爱。见图 1-37。

图 1-37 LV 与 GRAFFITI 合作款箱包

2006 年,路易威登推出的秋冬时装系列中的图案,取材于涂鸦艺术 Stephen Sprouse 于 2003 年设计的红色美洲豹纹。时尚女王维维安·威斯特伍德更是在 2007 年春夏时装流行发布会中,将涂鸦艺术发挥到极致,色彩斑斓的涂鸦被运用在服装面料上,营造了一个调色盘般的抽象图案,把涂鸦与时装生动地融合在一起。涂鸦的创意思维使服装设计妙趣横生。

这些涂鸦设计,以其机智的用语、狂野奔放的创作风格,深受年轻人及前卫一族的欢心。由此助长了涂鸦艺术潮流新风尚,涂鸦制成的海报、贴纸、T 恤,已成为今日的时髦新宠。

波普艺术产生于 20 世纪 50 年代末的英国,兴盛于六七十年代的美国,并迅速发展。波普艺术一直被广泛地应用于产品设计、平面设计、服装设计等各种相关领域,尤其是对 20 世纪 60 年代的服装界产生了极大的影响,具有鲜明的时代特征。

波普艺术色彩元素在现代女性成衣中的应用,也有不少优秀的实例,如伊夫·圣·洛朗品牌的 1965 年秋冬系列女性成衣设计作品中,将艺术作品与女性成衣设计相结合,伊夫·圣·洛朗运用了蒙德里安的波普艺术作品,色块以抽象几何为特色,设计了风靡一时的"蒙德里安裙",在服装界引起了不小的轰动。其设计的成衣包含了波普艺术的精神和波普色彩元素,受到了女性消费者的强烈追捧。见图 1-38。

图 1-38　蒙德里安裙

2014 Prada 春夏女装高级成衣秀中，Prada 运用波普人像印花图案，为女性带来了一场力量女装的革命，由此引起了时尚圈追捧的热潮，就连著名时装杂志总监 Anna Dello Russo 也成它的狂热女性消费者！还有生活中许许多多的物品也常常被波普艺术家作为创作素材，设计师将其做成图案运用到女性成衣中，如可乐罐、报纸甚至美钞等，都成为时髦的图案，被年轻人争相穿在身上，作为个性的一种表达。波普艺术的著名代表艺术家罗伊·利希滕斯坦的漫画和广告结合的绘画作品，也被广泛地运用到女性成衣设计中，越来越频繁地出现在我们的视野当中。现如今波普图案设计的影子在随便一件 T 恤印花上皆可看到，它已经从最初的一种艺术表达方式变成了人们随处可见的生活文化。见图 1-39。

图 1-39　Prada 2014 春夏款

二、绿色环保理念渐入人心

(一)服装设计中的绿色环保理念

随着环境问题日益突出,其对社会文明发展的制约效应日益明显,促使人们环保意识的觉醒,人们愈加追求低碳环保的绿色生活方式。在这种情况下,催生了绿色设计理念,它是基于绿色环保思想产生的一种与时俱进的设计理念,目前已经融入服装设计领域,备受各国设计师推崇。

绿色服装设计是一种基于绿色环保提出的服装设计理念,它产生于生态环境日益恶化的大背景下,受人与自然和谐相处思想影响巨大。进入20世纪以来,人类社会的工业化进程不断加快,社会现代化发展规模、速度达到了一个前所未有的状态。然而,由于消耗了大量自然资源,破坏了自然环境,许多环境问题随之而来,反过来制约着社会文明发展。为了解决环境问题、保护自然环境,提出了可持续发展观,这是绿色环保思想发展的重要社会背景。随着人类社会发展与自然环境之间的矛盾越来越突出,人们在可持续发展科学观念指导下逐步探讨经济社会发展的新模式,建立了一种基于绿色环保的全新经济模式——低碳经济。低碳经济的发展,改变了产业结构,为各行各业提供了一个新的发展理念,催生了绿色服装设计理念。服装产业被列为“夕阳产业”,主要原因在于服装生产对自然环境有着很大依赖,消耗大量资源、能源,影响环境质量,并且对人体健康有威胁。为了改进这一状况,将服装产业从“夕阳产业”中脱离出来,以环保、健康、节能、舒适为核心的绿色设计理念逐渐发展起来,成为服装设计的主要理念之一,在世界范围内广受欢迎。

(二)环保主题与服装设计的灵感来源

在服装设计的构思初期,从服装的形态、材质、图案、肌理中,植入了能引发消费者对环境保护的反思与共鸣的设计元素,并且在把设计实物化的过程中,使用纯天然的可循环利用绿色原料作为服装设计的材料,如植物纤维、牛奶纤维等,而不采用化纤等人造织物。又或者是在设计时研发完成防辐射、抗紫外线、除菌等新型服装面料。在颜色的选择上不采用过于艳丽杂乱的色彩,这样既耗费大量的染料,也可能对人体产生伤害。从设计初期到实物完成,在各个方面都不断地追求对环保意识的倾诉与表达、融入及展现。

在日常生活中,环境的问题总是与人们息息相关,总能最直接地影响我们。也不难理解为什么环保会成为一个热议的话题,尤其在设计的过程中,绿色环保总能为设计师们带来很多想法,例如在1996年的春夏时装发布会里,川久保玲

(Rei Kawakubo)的时装发布会“Dress meets body”，环保主题为这位个性乖张，审美独到的设计师提供了很多激发人性的灵感。这次设计完美地诠释了环保主题在服装设计里的运用，凸起的填充物被缝制进服装中，穿着起来就像是女性的身体里长出了瘤块，打破了以往的时装界模式，其服装对于体积的堆积、褶皱的扭转，也最直观地映射了川久保玲的设计理念途径，用一种艺术的形式，无声地讽刺了当年美国在日本投掷原子弹的行为，且完美地结合了服装、形体与意识，这场发布会获得了外界无数的反思与好评。见图 1-40。

图 1-40　川久保玲 Dress meets body

自然界的虫鱼鸟兽、花草树木、山川河流，形态各异的美景总是受到服装设计师的青睐与借鉴，这些元素被提取出来，巧妙地运用到服装的廓形、结构里。

例如英国的时尚教父亚历山大·麦昆(Alexander McQueen)，在 2009 年的春夏时装秀中，透过明亮饱和的色彩和茧状的服装廓形，完美地诠释了达尔文进化论的演变，其设计款式的灵感来源于一些形态各异、色彩缤纷且濒临灭绝的海底生物，麦昆又一次向环保主题致敬。见图 1-41。

从另外一个角度说，服装仿生设计，模仿动物的形态，也能营造潮流感。好比蝙蝠袖，作为非常规袖型的一种，其形态类似于蝙蝠的翅膀，常常凭借着与众不同的优雅气质在满园袖色中独领风骚。同时蝙蝠袖也具有很好的包容性，能最大程度地修饰女性的手臂曲线与肩部曲线。服装款式与自然环保的完美融合，总能给人们带来意想不到的设计效果。

图 1-41　Alexander McQueen 2009 年春夏款

（三）环保主题与服装面料、色彩的应用

面料的选择使用总是与环保处于一个息息相关、密不可分的状态，一件原材料优质环保或者符合人体生理需求的服装，能为消费者带来不一样的穿着体验。同时这种可循环利用的材质也能最大程度地做到环境保护。因此想要完美地融合设计与环保，首当其冲便是面料。

在现在的设计里，不少服装品牌也逐步向环保靠拢，推出系列作品，响应环保主题。例如荷兰著名的牛仔品牌 G-Star，他们于 2015 年与环保面料 Bionic Yarn 确立了长期合作关系，随即便推出了利用海洋回收物材料制作的G-Star海洋系列，并用这个创意系列参加了 2015 年纽约的春夏时装周。并且 G-Star 表示，会把 Bionic Yarn 的环保面料融入品牌出现的所有服装系列中。在之后的设计里，他们也提出了要一起革新牛仔面料的想法，用实际行动响应改善全球塑料污染状况的号召。

色彩是传达物体情感最直观的一种表现形式，同时绿色环保理念要求服装色彩搭配要融于自然，或者从自然界存在的颜色中汲取设计灵感。现在服装原材料的培育也有了新的发展，例如彩色棉、彩色羊毛、彩色兔毛、天然彩色蚕茧等，服装的色彩直接取自材料的本色，无需任何污染的处理过程。

日本服装品牌三宅一生（Issey Miyake）首席设计师藤原大于 2008 年以主题“风”参加国际时装周，次年藤原大工作室人员又到了著名的亚马孙丛林，一路上不断地汲取丛林里自然界天然的树木、花草、河水所呈现出的深浅不一、清澈或是浑浊的绿色，并把这一时尚元素运用到了之后的服装设计之中，其推出的作品使整个时尚界的目光为之一亮，效果十分惊艳。为了加强国际化市场的拓销，三宅一生这一品牌力推了环保主题的时装周，由此可见，环保与时尚已经息息相关，密不可分。见图 1-42。

图 1-42　三宅一生 2008 年“风”主题

三、新型面料推陈出新

面料是构成服装主要的材料之一，服装的风格常常取决于面料的纹样、质感、色彩等因素。面料可以诠释服装的风格和特性。在如今的服装设计过程中，对于面料的创新和再造设计已经越来越重要。服装材料的发展往往能反映出一个时代的意识形态、经济状况、科技水平以及人们的生活方式。服装材料的发展依赖于科技的发展，科技的进步也改变了人们的生活理念和消费方式。近年来，在意识形态、科技水平和经济发展的多重影响下，服装面料不断拓展研发，采用高科技手段，研发出了环保型面料、保健型面料、功能型面料，这些新型的服装材料极大地丰富了服装的外观特性、质感、色彩、肌理、纹样以及功能。

(一)保健型服装面料

随着人们生活质量的提高，对于服装，消费者已经不仅仅满足于服装表面的美感，而是更希望其在带来美的愉悦的同时，也能带来健康的体验。目前化纤面料广泛使用，它们柔软，色彩斑斓，种类繁多，但是化纤织物中的一些原料可能会成为过敏原，对皮肤造成伤害。通过对天然纤维中具有保健性能纤维的开发，可以制成保健型的服装面料，目前这种保健型面料多集中在麻类纤维。苎麻中有一定的保健成分，这种面料不仅具有良好的吸湿排汗功能，还具有极佳的抑菌功效，有益于人体的健康。

日本还推出过一款面料，被称为“穿的维生素”，这款面料是将维生素原引入到传统的纺织面料中，这种维生素原在和人体的皮肤接触之后，就会发生反应，生成维生素 C，一件由这种面料制成的 T 恤所产生的维生素 C 相当于两个柠檬，所以当人们穿着这种 T 恤时，就可以直接摄取维生素 C，满足人们对于服装保健性能的需求。

（二）高科技服装面料

随着科技的高度发达，消费者越来越看重面料的功能，功能型面料的研发可以满足消费者舒适、多功能、个性化的穿着需求，所以高科技、功能型的面料成为面料发展的趋势。

科学家还研究出了一种名叫 ChroMorphous 的新型织物，在 ChroMorphous 织物中，每根织线都配有一段微导丝和一种变色颜料。消费者只需要在智能手机上操作，就可以根据需要来改变面料的颜色或图案，因为配备的微导丝可以使面料的温度发生变化，不仅速度快，而且覆盖均匀。这种温度的变化通过人体的触摸几乎是感受不到的。过去的几年里，科学家们已经把研究方向转移到了研究生产这种新型面料上。

图 1-43 中的这款包包就可以根据客户的心情变化而调节颜色。

图 1-43　可变色包包

隐形衣听起来仿佛只存在于科幻电影中，然而现在已经有科学家研制出可以使人做到部分隐形的隐形衣。这种隐形衣实际上是“光学伪装”衣，是用“后反射物质”制造而成，在衣服的表层覆盖一层反光小珠，并在衣服上安装数个小型摄影仪，衣服的前面就会显示出摄影仪所拍下的背景影像，这样就使穿着者与周围环境融为一体，达到隐形效果。

化纤面料的一个缺点就是容易起静电，一款抗静电和电磁屏蔽的服装可以使人们免受静电的干扰，这种面料具有良好的抗静电以及电磁屏蔽的功能，穿着者能防止静电的侵扰，并且有效地屏蔽电磁波对人体的侵害。

还有一种涂层面料，叫银色涂层面料，如今越来越火热。2018 春夏的男装 T 台上被设计们大量用在冲锋衣上，不但潮感十足，还具有抗紫外线的功能。见图 1-44。

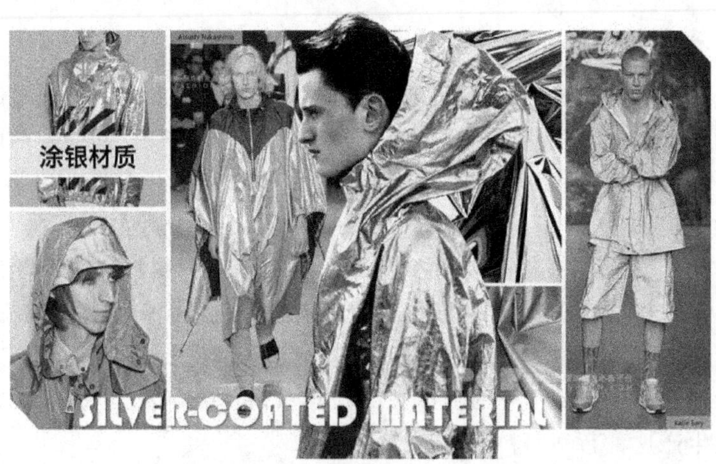

图 1-44　银色涂层面料

(三)3D 打印技术

从一定角度上来说，3D 技术运用于服装领域内的设计是新时期提出的新的设计手段，对普通人来说，它是经过多年的设计经验、设计创新而总结出的新内容。它由多种设计思想融汇而成，无论今后发展到何种地步都与传统的设计思想和方法有着密不可分的关联，并具有丰富的内涵与意义。

3D 技术率先在国外的服装设计师中运用。Iris van Herpen 是目前世界上 3D 打印服装最出名的服装品牌之一，2007 年由著名荷兰新锐设计师创立。最为引人瞩目的当属“水花飞溅”的透明材质礼服，细腻复杂而立体的类似人体骨骼的服饰和“獠牙利齿”兽牙高跟鞋，这些充满艺术情调的作品让人惊喜连连又叹为观止。

而早前范冰冰在北京的“爱奇艺呐喊夜”上演的一场绝妙的 3D 打印服装，成功占据了热搜榜，该服装也是由这位荷兰设计师 Iris van Herpen 设计的。见图 1-45。

2015 年 3 月，Herpen 又联手 3D 打印公司 3D Systems 创作了新的“黑客无限(Hacking Infinity)”2015 春季系列的一部分，并在随后开始的巴黎时装周上进行展示。该系列的灵感来自于“黑客(或破解)”另一个星球的生物圈以供人类

图 1-45　3D 打印服装

生活的概念。她非常善于将传统的手工工艺与现代数字技术，如 3D 打印和激光切割，结合在一起。在最近两年的巴黎时装周上，她都展示了一些自己创作的 3D 打印时装作品。见图 1-46。

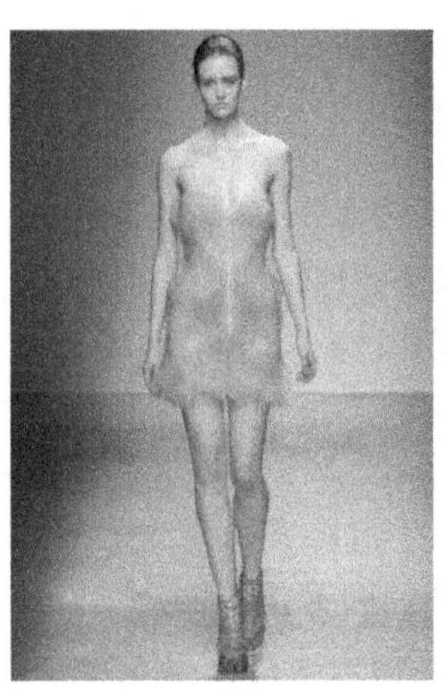

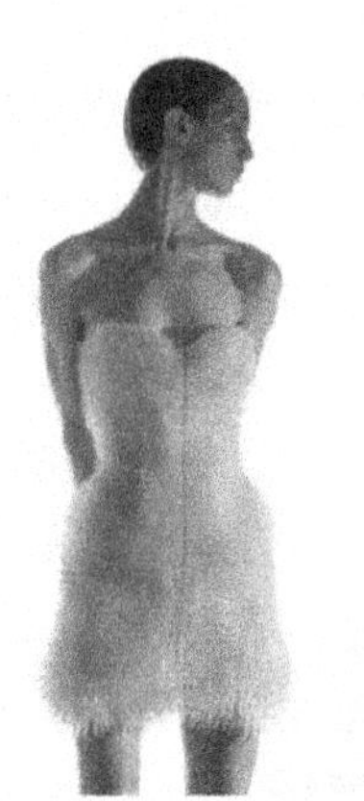

图 1-46　3D Systems 2015 春季款

四、个性化智能定制走进生活

(一)消费者个性化要求凸显

现代经济发展造就人们对生活物质有了更高、更多的追求,使得其生活方式得到拓宽。在生活中,人们会参加各种社交活动,例如商业会谈、派对等。在不同的场合,人们想要表达的内容都有所差异。服装作为他们展现自我的一种媒介,从期通过服装来彰显自己,大众化的服装已经不能够发挥出这样丰富的内涵。为了改变这个现象,服装市场潜移默化地做出了如下的转变:大众化的品牌规模越来越大,并且种类更加齐全,目标群体得到细分,在设计更新方面加大了力度,形成了款多量少的销售形势。同时,随着世界政治、经济、文化的大融合,个性化设计融入我们生活的每一个角落。国外时装周等服装信息流入国内,彰显个性,体现自我,成为当下时尚人士的追求。一种新型设计模式悄然而生——私人定制。这种形式在很早就有,然而那时只是根据每个人体的尺寸不同进行定制,在服装的款式、造型方面并无创新之处。随着各大顶级服装品牌落户国内,形成了以每个人的尺寸进行独一无二的高级定制。经过专业设计师的形体分析,把握客户独特的气质,设计师将注意力集中在个性化的体现上,设计出符合个人特质的服装。

从服装的市场变化,可以看出消费者的现代消费心理,之前是消费者在服装中表达自我,之后是服装根据消费者进行创造。

(二)"智能量体"风靡服装定制市场

如今,智能量体被看作传统服装企业转型升级的"救命稻草",一些新兴互联网企业则把它作为快速吸引资本市场和消费市场的一把利器。

然而,在身材大数据库未达到足够的量级,量体精准度又尚不成熟的当下,3D智能量体背后依然是高成本的返修率以及退货率;一些企业甚至在首次智能量体不成功的情况下,安排量体师上门服务,反而造成了双重成本。

从2018年开始,众多上线的服装定制项目及服装企业又开始宣布研发3D智能技术,或者与先进技术合作。3D肖像建模、图像识别、3D虚拟试穿,取代线下量体的程序,全部由线上完成操作。这似乎被标榜为传统服装企业转型的标记,成为互联网服装定制项目刺激市场的新利器。

上海纺织新推出的时尚魔法棒,只需要2步,就可以让顾客穿上美美的衣裳!

1.顾客只要往测量仪器中间一站,系统后台就会形成三维彩色可旋转人像,并同时生成人体尺寸。然后在客户端上选择喜欢的颜色和款式，软件就会自动生成几套方案供选择，图 1-47 就是三维智能测量仪器。

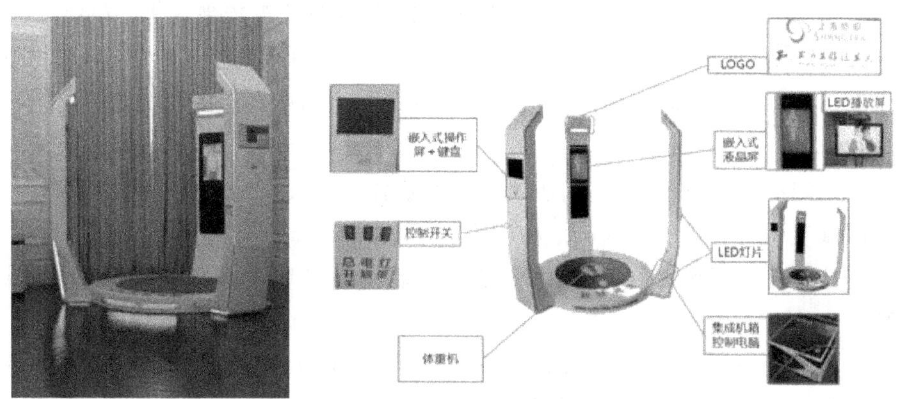

图 1-47　三维智能测量仪器

2. 从面料到纽扣等诸多细节均可由顾客自由定制，还可以在服装上绣制顾客的名字或是有特殊意义的字符，最快只需 2 小时(正常周期 7 天)，客人就能穿上定制的服装。图 1-48 就是个性化服装下单系统。

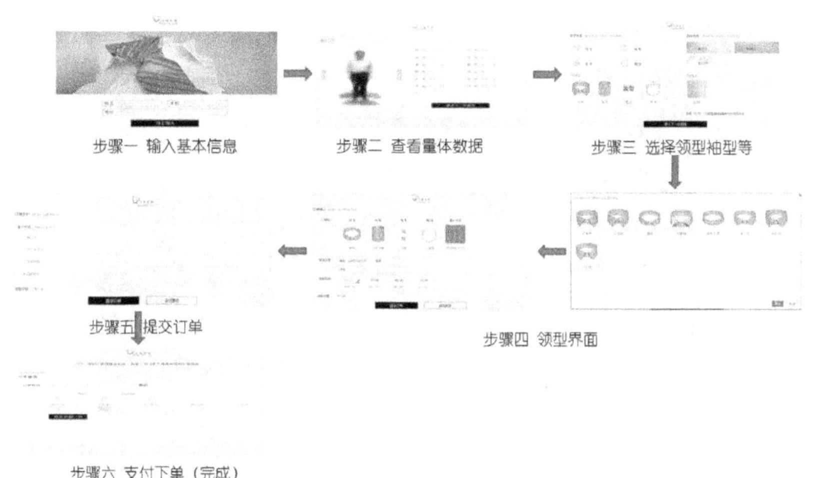

图 1-48　个性化服装下单系统

(三)智能定制门店问世

“我在定制服装店里面定制了一件礼服，前后花了一个多月的时间才拿到，中间还重新去量体了好几次，麻烦得很！”这种埋怨对于传统的定制门店来说已经是司空见惯了，制作周期长、工序复杂对于传统的服装定制门店来说，是无解的。

工业4.0的提出，给传统的服装定制门店转型升级带来曙光，互联网技术、云计算、大数据等技术的发展为服装定制门店升级迭代提供了可能，未来的服装定制门店一定是融合了这两者的智能定制模式。消费者能方便快捷地定制所有喜欢的服装，定制服装也不再拘泥于一定要在服装定制门店，无论何时何地都可以随心定制服装，服装定制门店面临的消费者也不仅仅是自己门店的客户，全社会的服装消费者都能成为其潜在客户。

这听着有点像天方夜谭，但是这种服装定制门店现在已经出现了，已成为现实！

2017年10月，国内知名服装品牌骆豪、富哥、洋男世家等与衣得体信息科技联合打造的工业4.0模式服装定制门店已经落地。在这些门店，消费者能享受到最先进的量体技术，通过3D扫描仓，瞬息得到身体的各项数据。这些品牌的消费者通过全品类时尚定制平台——摩云，在家里就可以定制自己想要的服装。除了便利消费者定制服装，消费者还可以在其中一个门店量体，可以在线上选择任意品牌门店下单，所有品牌将共享平台上的流量资源，互为推广渠道，形成新型的服装定制“共享”模式，这也是顺应未来服装定制的发展趋势，图1-49就是骆豪智能定制门店。

图1-49　骆豪智能定制门店

这将完全颠覆以往的服装定制模式，重新定义消费者服装消费的习惯，帮助服装品牌深入服装定制领域。

第二章
服饰之形

第一节　款式

一、外廓型

（一）A 型

A 型廓形的服饰在我的记忆中是冒着粉红泡泡的形象，记得小时候妈妈总是给我用各种花布料做好看的小 A 裙。不知道翻开这本书的你们是否也会对这样廓形的裙子有一种甜甜的期许。小时候的身材扁平，穿上小裙子把少女的气息通过服装外轮廓散发出来，取得了很好的区分性别的作用。长大以后，嚷嚷着减肥却总被美食勾引的我们啊，总是懊恼地摸摸自己的小肚子，害怕损伤了我

图 2-1　A 型连衣裙

们的美貌。A 型服饰完美地掩盖了女性小肚子的缺陷。同时，对于肩膀宽厚的的女性来说，A 型服饰无疑弱化了肩部线条，让人们的视线集中于宽大的下摆，将女性俏皮柔美的形象勾勒出来。如图 2-1 所示，是一条 A 摆的连衣裙，及膝长度，搭配一双精致的蕾丝高跟鞋，少女感十足。

对应体型参考图 2-2、2-3：

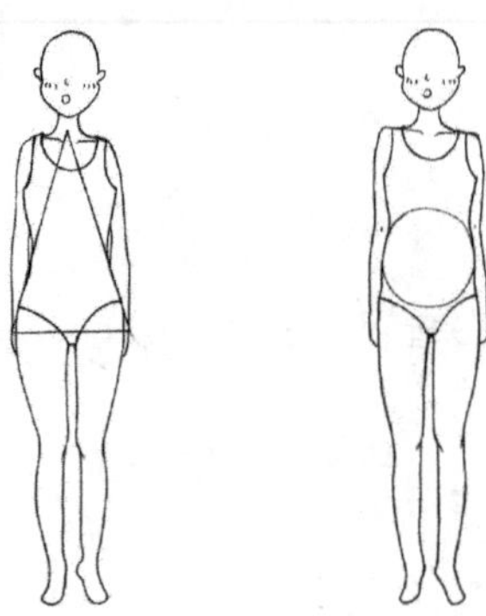

图 2-2　梨子型(三角)　　图 2-3　凸肚体(小肚腩)

梨子型体形的人臀部较为宽大，穿裤子容易显得下半身臃肿，选择 A 型的连衣裙可以有效遮盖这一部位，使得臀部线条不过分突出。另外需要注意的是臀部较大的女生一般大腿也会较粗，更甚者小腿肌肉也会比较发达，这样的情况下尽量避免选择刚好到膝盖长度的 A 型半身裙。同时，A 型并不是只能用裙子去表现和传达的。Proenza Schouler 2016 早秋系列中的一套典型 A 型服饰，利用长及地面的阔腿裤将腿部线条拉至最长。成套的服饰亦可穿出强大气场，如图 2-4 所示。

图 2-4　Proenza Schouler 2016 早秋系列(图片来源：VOGUE 官网)

另外，凸肚体型的人也很适合 A 型的松散连衣裙。Vika Gazinskaya 的 2018 秋冬款连衣裙，宽大夸张的下摆可充分展现穿着者的摩登气质，如图 2-5 所示。

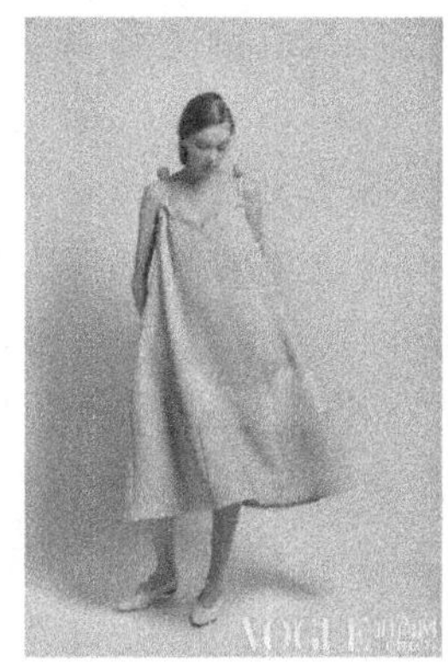

图 2-5　巴黎时装周 Vika Gazinskaya 2018 秋冬款(图片来源：VOGUE 官网)

(二)H 型

随着女性意识的不断提高，女性的能力与社会地位已然发生翻天覆地的变化。因此，女孩儿穿着服饰的目的不再局限于取悦男人，因而强调身材曲线的廓形不再是对女性的唯一审美标准了。H 型廓形的存在为塑造精明、干练的新女性形象起到了不错的效果。H 型服饰最早的起源要从 1954 年秋说起，当时 Dior 先生发布了“H 型廓形线”，那时还只是取掉女子束腰的形式，看起来更趋向于 A 型，如图 2-6 所示。此后 Dior 开始越来越多地设计出职业化的套装。

图 2-6　DIOR 秋冬系列 H-line 1954
(图片来源：pinterest. com)

图 2-7　1961 Christian Dior
(图片来源：穿针引线网)

图 2-7 的这组照片源自 1961 的 Dior 经典造型，我们知道 1954 年的时候恰逢签订《巴黎协定》，第二次世界大战在这一年的九月宣告结束，经济开始复苏。女性们开始走出家门，积极创造财富。这类职业装束获得了流行需要的社会背景。

到了现在，H 廓形也不仅仅局限于职业装束了，色彩丰富、设计俏皮的系列也逐渐出现在人们的视线中，如图 2-8所示。对于臀部特别丰满的人来说，H 廓形往往不经意间勾勒出了凹凸有致的曲线，呈现出 S 廓形。值得注意的是 H 廓形的服饰强调肩部造型，因此宽肩的女孩选择时要慎重，因为容易显得魁梧。接下来让我们欣赏一下 Miu Miu 2018 春夏发布的这几款 H 廓形服饰，商务感逐渐被明亮的色调和趋于轻柔质感的面料所驱逐，如图 2-9 从左至右所示。

图 2-8　H 型套装

图 2-9　Miu Miu 2018 春夏 RTW 时装发布秀(图片来源：VOGUE)

对应体型参考(见图 2-10、2-11)：

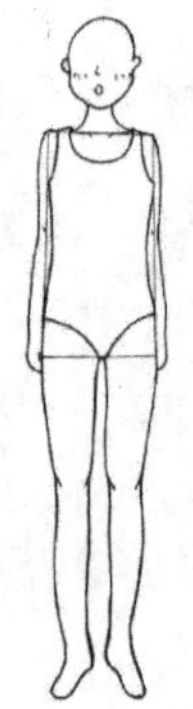

图 2-10　矩形型(纸片身材)

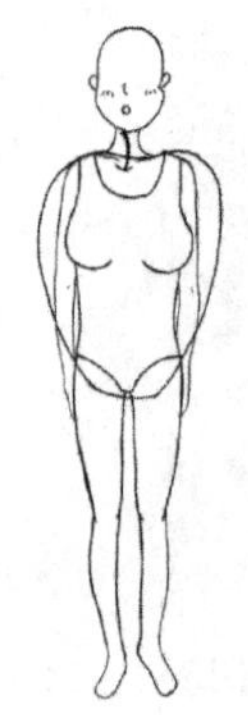

图 2-11　苹果型

矩形身材是身材曲线不明显的纸片人体型，没有明显的胸、腰、臀差。穿上具有相同属性的 H 型服饰，将人修饰的细长、高级。当然如果希望展现自己女人味的一面则需要规避相同属性的 H 型服饰了。Anna Sui 2017 春夏的这一款成衣，俏皮可爱的纹样和腰部略微的收缩就改善了矩形身材穿着 H 型服饰显得扁平没有女人味的缺陷，如图 2-12 所示。除了图案外，亦可通过面料材质的蓬松感来规避身材羸弱的缺陷，如图 2-13 所示。

图 2-12 Anna Sui 2017 春夏款
（图片来源：VOGUE）

图 2-13 Christian Dior 2018 秋冬款
（图片来源：VOGUE）

上半身较胖，下半身相对瘦的身材，我们称之为苹果型身材，如图 2-11。这一类身材的人也比较适合 H 廓型的服装，但在挑选款式时忌讳面料过于纤薄的款式，可以用 oversize 的上衣掩盖上半身的赘肉，然后搭配包臀短裙，将完美的腿部线条突出表现，隐藏缺陷，可参考图 2-14。

图 2-14 oversize 上衣＋包臀裙（图片来源：VOGUE）

(三)X 型

X 型的服饰通过收腰,夸张肩部与下摆的形式俘获了女人心。它完美勾勒女性盈盈一握的小蛮腰,宽大的下摆增强行走间的律动感。这种廓形在欧洲的宫廷时代就开始盛行,因此到了今天似乎有着穿上 X 型裙便像个小公主的心理暗示。夸张华丽的装饰或是圣洁梦幻的色彩配上 X 型裙,让人很难不与新娘、婚纱、礼服、盛典、派对联想到一起。如图 2-15 所示,这些 X 型礼服优雅迷人,将女子最温婉动人的姿态与气质表达出来。

图 2-15　X 型婚纱、礼服(图片来源:花瓣网)

当然了,X 型不仅仅是展现优雅与宫廷感的,在设计上稍作改动,便可以在这份女人味中注入其他新鲜名词了。肩部的不对称设计,红黑、红蓝格纹的冲击使得整件服装带些许时尚学院风,性感中平添俏皮,如图 2-16 所示。

图 2-16　X 型连衣裙

X 型服装最为经典的造型就是 70 年前的 NEW LOOK 造型，如图 2-17 所示。创造它的迪奥先生曾在自传中写到："我们刚从战争的阴影中走出来，摆脱了制服与强壮如拳击手的女性士兵形象。我描绘了如花朵一般的女性，肩部柔美、上身丰腴，腰肢纤细如藤蔓，裙裾宽大如花冠。"经过战争洗礼，当时的女性布料都一度崇尚精简，迪奥先生推出这样一款战后新廓形，无疑唤起了法国对时尚的新的觉醒。

图 2-17　NEW LOOK 造型(新浪专栏)

对应体型参考(见图 2-18、2-19)：

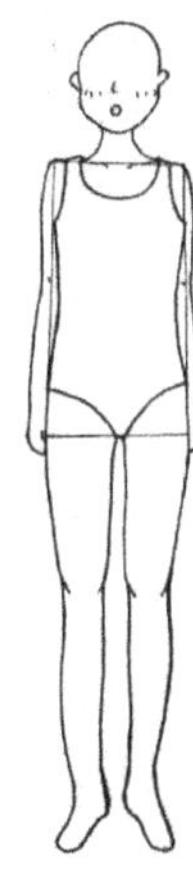

图 2-18　矩形型(纸片身材)

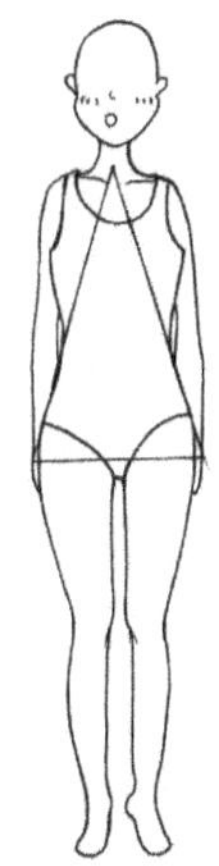

图 2-19　梨子型(三角)

X 型服饰是可以修饰女性曲线的，因此纸片身材的女性可以通过服装的廓形来强调腰部的纤细，同时绽放的裙摆与柔美的肩部设计可以丰盈穿着者的身体，彰显优雅女人味。至于梨子型，也就是胯部大腿比较粗的女性可以通过穿着X 型服装巧妙掩盖掉梨形身材下半身的粗壮。此外，X 型廓形也是奥黛丽·赫本尤为热爱的一种廓形，X 型廓形的服饰与奥黛丽·赫本优雅的气质相辅相成，迷人万分(见图 2-20)。

图 2-20　奥黛丽·赫本

(四)T 型（Y 型）

T 型服装主要是夸张肩部造型，其余部分被弱化的一种服装造型形式。体现出一种强势果敢的女性形象。说到夸张肩部造型，不得不说的就是廓形的服饰往往颇具中性风格。传说，英国国王乔治一世其实长得挺不错，可他特别在意外貌，身边的人一定要比自己丑，就是挑老婆也有这么一个标准。然而他有个硬伤，就是溜肩！眼见着老婆身材魁梧，而自己却被肩部线条削弱了气场，皇室颜值担当的身份当然不能因为这一点缺憾而丢了！于是他灵机一动，命令手下做了一对假肩膀缝在内衣上，最早的垫肩就这么诞生了。至于对肩部造型的推广，我们就要来谈谈 Elsa Schiaparelli(艾尔莎·夏帕瑞丽)这位意大利艺术家了。在当时大家都把设计的细节停留在腰臀上的时候，她反其道而行之，选择了做肩部的设计。见图 2-21。

这阵潮流风一吹，许多大牌在当时都开始设计这样一种廓形的服饰。如图 2-22 所示是 Armani(阿玛尼)在 20 世纪 80 年代推出的一些设计款。

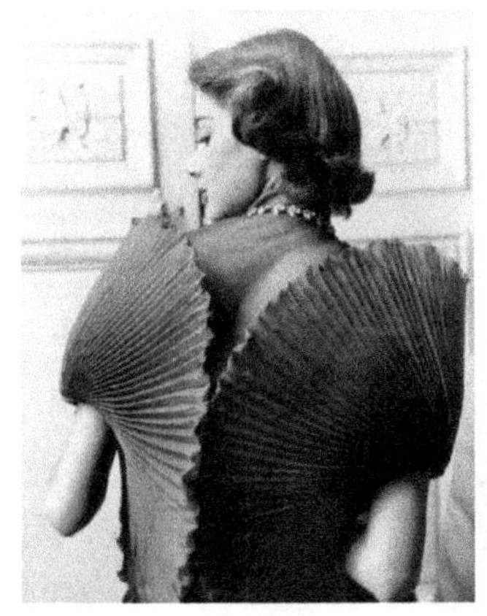

图 2-21　Elsa Schiaparelli 的设计(网易女人)

图 2-22　Armani 20 世纪 80 年代的设计(网易女人 & 花瓣网)

20 世纪 80 年代也是一个女性意识高涨的时代。这个时期追求事业的女人越来越多,宽肩的造型为女性从形象上塑造出硬朗干练的气质。女性的独立开始由形象传播,慢慢影响大部分的女性去争取自己的权益与社会地位。到了今天,女性已经靠着自己的智慧基本获得了男女平等的权益。T 型服饰的理念一直存在,但是演变至今天,不再带有那样严肃的色彩。如图 2-23 日常的个性衬衣,蓬松的肩部设计配合清透的蓝色雪纺纱材质,勾勒出性感又不失干练的时尚女性形象。

图 2-23　T 型蓝色衬衣裙

对应体型参考(见图 2-24):

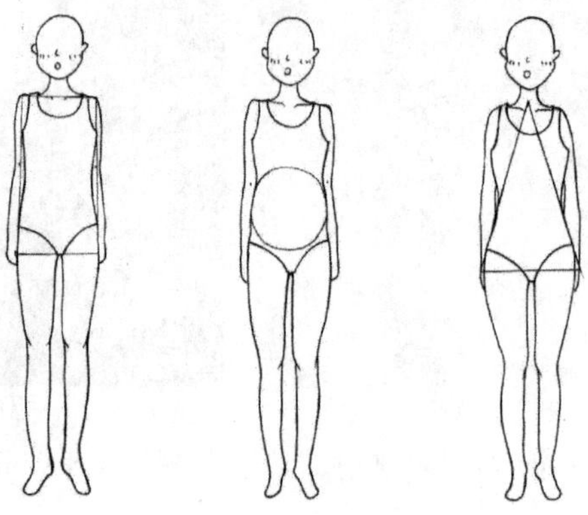

图 2-24　矩形型(纸片身材)、凸肚体(小肚腩)、梨子型(三角)

T 型服装对于窄肩、平胸、溜肩和腰部较粗的体型都可以起到修饰与改善的作用。因此对应了矩形型、凸肚体、梨子型三种体型供大家来参考。

(五)O 型

O 型服装是一种中间膨胀,两头收紧的圆润造型。O 型服装俏皮可爱,带着一种幽默而时髦的气息。2017 年冬季流行的面包服,膨胀的羽绒服造型就是这样一种廓形。见图 2-25。

图 2-25　O 型羽绒服、面包服(花瓣网)

这种廓形的羽绒服可以在冬季塞很多衣服在里面,时尚又不挨冻。除此之外,许多大衣的廓形也喜欢运用这一廓形。见图 2-26、2-27。

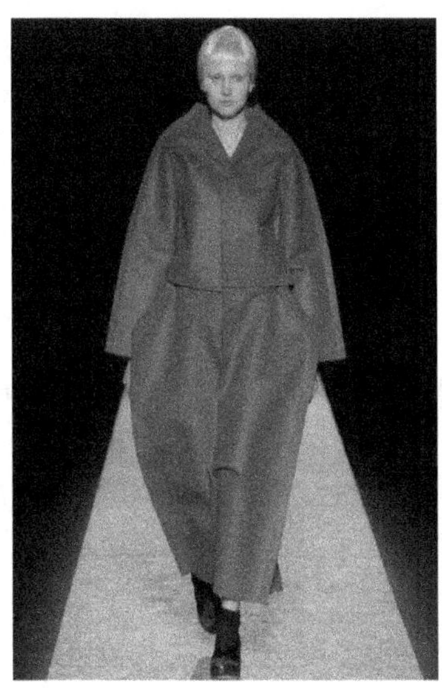

图 2-26　O 型大衣廓形 01(花瓣网)

图 2-27　O 型大衣廓形 02(花瓣网)

O 型廓形对穿着者的包容性特别强，可以说是五种字母廓形里对身材要求最少的廓形了，是大部分人可以驾驭的廓形类别。但特别适合手臂和腰臀处有些许赘肉的人群，穿上 O 型服装，它夸张腰臀部位的造型特点将掩盖我们的腰臀曲线，从而帮助我们规避自己腰臀曲线不够完美的弊端。

对应体型参考(见图 2-28)：

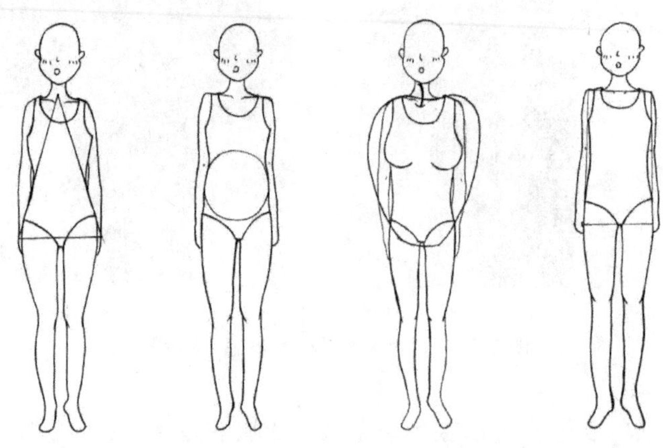

图 2-28　人体四种体型

O 型服饰对于这四种体型都是适用的。不过需要提醒的是，对于整体比较偏肥胖的女生来说，应该尽量穿着比较短小轻薄的 O 型服装，尽量拉长下半身的比例。否则反而容易显胖。O 型服装也非常适合纸片型身材的女性，宽大蓬松的造型由纸片人穿着起来显得空气感与俏皮度更高一些。

二、内结构

内结构是指服装内部的分割线、兜、纽扣等结构，它与服装款式的外部造型是互相关联密切地统一为一体的。

分割线是为了实现服装的结构变化，使服装更适合人体的特点而出现的，分割线和兜的位置以及形状的变化会影响服装的整体视觉效果和视觉感受。服装的纽扣、带、袢等细节结构虽然在服装整体中所占的比重较小，但却是会影响服装整体造型与风格特征不可忽视的重要因素。许多服装设计师将设计重点用于对这些细节的巧妙运用上，往往可以起到画龙点睛的作用。

服装的内结构线包含有省道线、分割线、褶裥等。结构线兼具功能性与美观性。其中最为经典的就是公主线。它从人体的肩部开始出发经过人体胸凸点、腰凹点以及臀凸点的结构线。在视觉上，作为圆滑、细腻的曲线，能够很好地呈现出宽肩部、丰满胸部、收紧腰部和放量臀摆的三维立体效果。公主线这一结构线经过了人体的最高点和最低点，将肩省、胸省和腰省集于一身，收缩腰部，使人体更易于表现胸凸，将人体躯干的“S”造型完美呈现。

“当一个女人微笑，她的裙子也应该跟着微笑。”当巴黎高级时装业的创始人 Charles Frederick Worth 用剪刀在奥地利公主的衣身上剪出对称的刀背线，剪出腰身和胸形，“公主线”开刀因此得名传世。这道神奇的刀背线独出心裁强调了胸腰曲线，此后成为一代又一代礼服和日常便装设计师的万全之法。见图 2-29。

Charles Frederick Worth 的设计富于创新精神，他对女装结构进行了很多改革，擅长针对不同顾客对原设计进行调整，以满足不同的需要。他还是第一个雇佣真人做模特的人，发明了动态时装沙龙来接待顾客。

图 2-29 Charles Frederick Worth “公主线”(个人图书馆)

到了现代，内部的分割线经过设计师们的不同应用，形成了各种各样的风格与作用。我将把分割线分为功能性和装饰性两块来叙说它们的故事。

(一)功能性

1. 垂直分割线

功能性分割线中的垂直线，是服装主体结构线的核心部分，其修饰、塑型作用非常重要，往往与人体结构关系密切。我们知道，构成服装结构线的垂线共有十二条，分别为：围绕人体一周的四条基本垂直线——前中线，后中线，左、右侧缝线；两条胸点线；两条肩胛骨线；两条前肋线以及两条后侧线，这几组两两相对的结构线成为合体服装造型中分割形式存在的依据，如图 2-30 所示。

图 2-30　人体主要结构线（分割线设计在女装造型中的应用研究 郭蓬）

单条垂线将服装纵向分割成不同的比例，这时服装造型呈现出对称或非对称的状态，而当对称的垂直线平衡对称出现时，则看起来稳定而有秩序，“公主线”刀背缝形式就属于垂直线的分割形式，也是女装结构线中最常见的垂直线分割形态之一。见图 2-31。

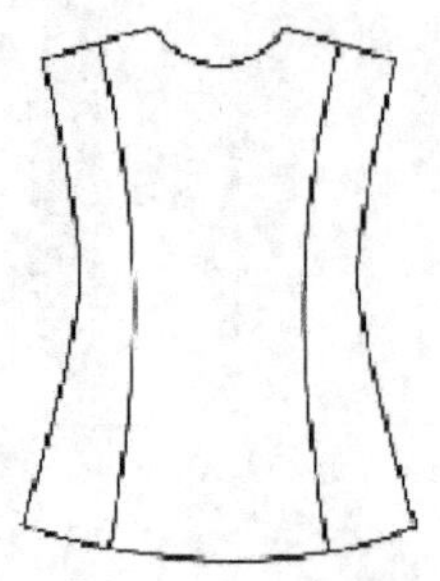

图 2-31　功能性垂直分割线（分割线设计在女装造型中的应用研究 郭蓬）

在实际的运用中，功能性的分割也需要色彩、美观度的契合。一些垂直功能线在服装中的应用实例如图 2-32 所示。

2.横线分割线

横线构成主要在女上装结构中，常运用于两个位置的设计中，即：腰线与衣摆线。首先，腰线的设计分为三类进行研究：高腰线、中腰线以及低腰线。高腰线的设置一般位于下胸围与腰线之间，能通过视错觉改变人体的一般比例，使下肢显得修长、挺拔，有拉长身高之效果；中腰线的设置位于人体正常的腰线位置，能够起到强调腰部轮廓造型的作用，使整体身形显得平衡、匀称；低腰线的设置一般则位于腰线与臀围线之间，能通过改变外观造型塑造腰肢的线条美，但是对

图 2-32　垂直分割线的实际运用(花瓣网)

于形体过瘦、过胖或是不完美体形来讲,易破坏理想的比例,使下肢显得略短。见图 2-33、2-34、2-35。

图 2-33　中腰线分割

图 2-34　高腰线分割

图 2-35　低腰线分割

(二)装饰性

1.垂直分割

垂直分割线具有突出高度的作用。由于受到视错觉效果的影响,垂直分割的表现规律为:面积越窄的空间看起来越狭长;反之,面积越宽的空间看起来越短小。然而,数量越多的垂直分割将服装划分为面积较窄的几个部分,使整体造型具有颀长、挺拔、峻峭之感,如图 2-36 所示。

2.水平分割

水平分割具有加强空间宽度与广度的作用。服装中的水平分割线常给人以

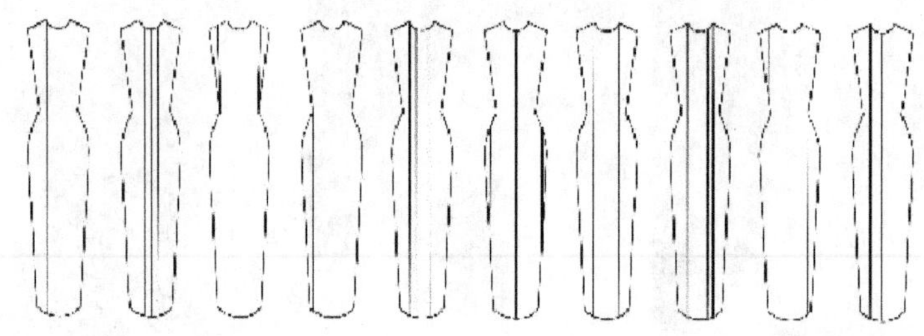

图2-36　装饰性垂直分割线（分割线设计在女装造型中的应用研究 郭蓬）

柔和、平衡、连绵、协调的印象美。水平分割的表现规律为：横线分割的区域越多，律动感就越发明显。水平分割带来的视觉感受并没有垂直分割线那样修长、挺拔，如将这类分割线作为装饰线运用，依据其具有扩张力、强调性等特征，可使得整个服装看起来活泼、律动并伴有一定的新鲜感，如图 2-37 所示。

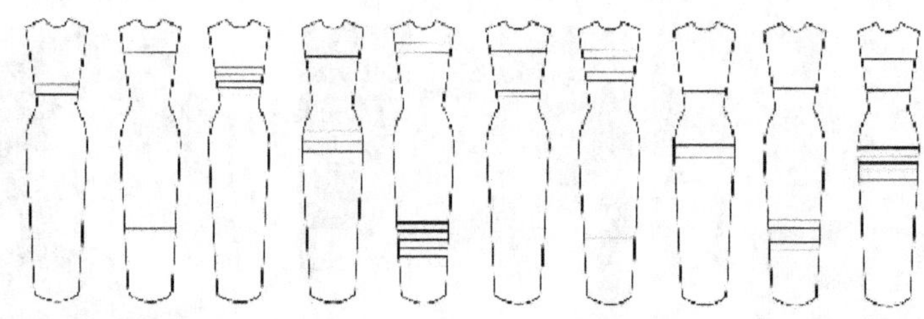

图 2-37　装饰性水平分割线（分割线设计在女装造型中的应用研究 郭蓬）

除了这些有规律的服装内部结构线分割方式，还有许多自由的分割线分布方式，为我们的服装带来丰富的视觉体验。如图 2-38 所示。

图 2-38　自由分割线应用（花瓣网）

通过服装内部结构线的运用，可将一件服装上分割好几个色块，运用得当就能出现十分强烈的视觉冲击力。分割线设计是塑造色彩造型的一种有力手段，它可以给予色彩不同的视觉感受，而不同造型又可传达出不同的审美特征与情感信息。分割线作为构成服装造型形态的重要元素，与色彩相互依存，存在着一定的关系。于是，色彩对分割线的存在有着疏通、引导、强化的作用。

服装结构大师三宅一生的很多作品中就可以看到这样的色块与结构线相辅相成的运用关系，如图 2-39 所示。

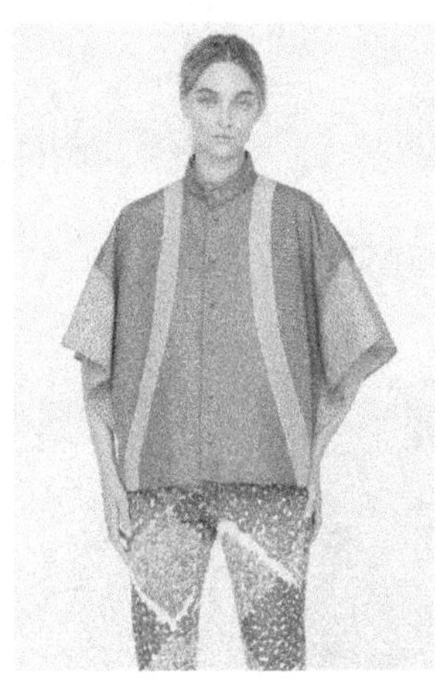

图 2-39　三宅一生 2017 早春系列时尚型录(花瓣网)

捕捉分割线设计与色彩之间的微妙情感，是塑造感性与理性兼备的造型的关键因素，能够通过色彩的疏密分布、属性互通，对人体结构曲线进行合理构思和利用，传达出服饰的形式美韵致。

服装内部结构设计除了在分割线上体现，也可以通过夸张服装上的局部(如口袋、纽扣、领子等)来表现。

这些部位的设计能为枯燥单调的服装创造出生动、活泼的形态，内部结构细节设计是设计师诠释服装形式美原理的手段之一。以口袋、袖子、领子等在服装上的细节设计为例，如图 2-40、2-41、2-42 所示。

此外服装内部结构的设计还可以通过对局部肌理的处理来表现，比较典型的就是褶在服装内部各部位的运用。它将布料折叠缝制成多种形态的线条，给人以自然、飘逸的印象，从而增加了服装设计的艺术感、层次感和空间感，起到重新塑造人体美的作用，有效地诠释当今服装设计的时尚品味和文化内涵。在服装设计中，为了达到宽松的目的，常会留出一定的余量，使得服装有膨胀感，便于活动，同时它还可以补正形体的不足，但现今褶多用于装饰。打褶位置及方向、褶量不同，即使同样技法，也会显示出不同效果。见图 2-43。

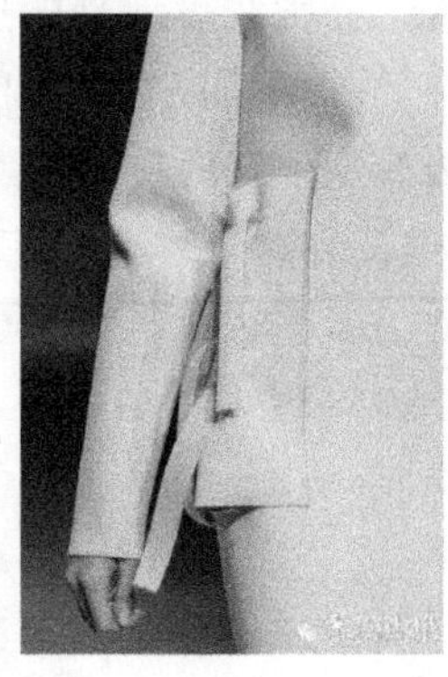

图 2-40　口袋设计细节(穿针引线网)

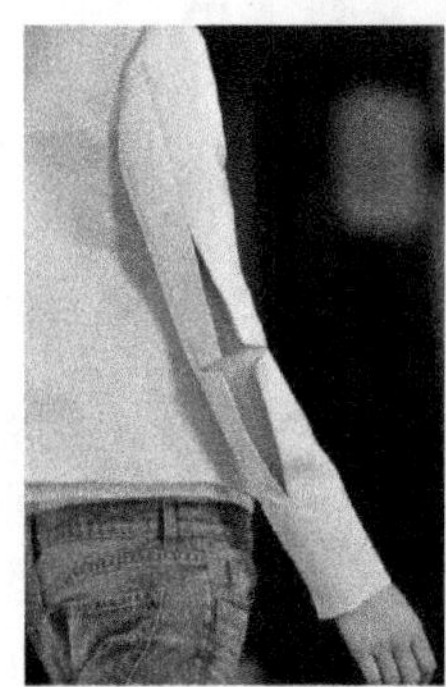

图 2-41　袖部设计细节(堆糖)

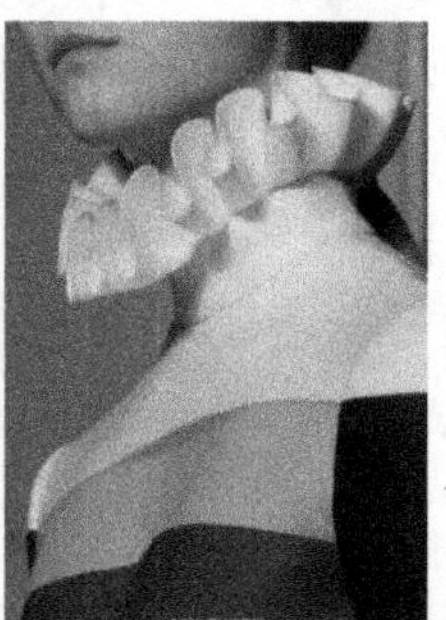

图 2-42　领子设计细节(堆糖)

图 2-43　褶的设计细节(花瓣网)

服装内结构的设计丰富多变,应该与服装的色彩、面料、局部设计紧密相连。我们在穿用过程中除了考虑它的个性,也应该考虑这些内结构设计对我们的体型形成的影响,尤其是服装分割线的设计。

第二节　色彩

一、心理暗示

人们的视觉感受中最为直观,也是最容易感触到的就是色彩。因此我们不妨先来谈谈色彩对我们的心理起到怎样的一种暗示吧。

关于色彩对人心理的影响有一个非常有趣的实验:有一个灯光师让两个人做过这样一个实验,让其中一人进入粉红色壁纸、深红色地毯的红色系房间,让另外一人进入蓝色壁纸、蓝色地毯的蓝色系房间。不给他们任何计时器,让他们凭感觉在一小时后从房间中出来。结果,在红色系房间中的人在40～50分钟后便出来了,而蓝色系房间中的人在70～80分钟后还没有出来。在红色房间的人反应说自己有燥热和感觉振奋的情绪,在里面呆久了觉得不太舒服。而蓝色房间的人觉得空间感觉让人冷静,心态平和,甚至感到困乏想要驻足休息。

根据许多学者对色彩带给人的心理影响研究得知,一般明度高、暖色调的色彩可以带给人活泼、激情、热烈的心理暗示;明度低,冷色调的色彩则给人趋于比较压抑、冷静或者理性的心理暗示。明度适中，冷色调的色彩则给人觉得轻松、凉快。

接下来，让我们一起走近每个色彩的心里吧。

（一）白色

白色是一种包含光谱中所有颜色光的颜色，通常被认为是“无色”的。白色的明度最高，无色相。白色所描绘的心理情绪主要有那么几种：第一种是让人觉得清新、纯洁、善良、天真，一般穿着白色裙子的少女总让人联想到甜甜的初恋。洁白的百合花让人觉得圣洁而美好，白色的纱幔令人觉得干净清新。第二种是清冷、冰凉的感觉，让人联想到冬天皑皑的白雪，夏天的原味冰淇凌。

（二）黑色

黑色可以说是白色的反义词，又不能简单这样定义。如果说白色是明度最高的，那么黑色应当是明度最低的。黑色所描绘的心理情绪主要有这么几种：第一种是让人觉得比较压抑的、消极的、肃穆的，表达这种情绪的时候黑色会出现在葬礼的绢布上，一些恐怖电影的场景中，小黑屋或是阴暗的地下室。但同时黑色也可以是宗教的、神秘的，比如哥特风格带有死亡、黑魔法等等含义，修女与神父要穿着黑色服装等等。这种带有些许神性又有点乖张叛逆的情绪使得黑色在后现代又有几分摇滚的感觉。最后它也是端庄、严肃和正式的，西装制服的色彩中总是缺少不了它，同时它也是现代的、永不过时的，因此像小黑裙、现代装修风格都会运用到黑色。

（三）灰色

灰色是处于黑白之间的一种色彩，仿佛是两者调和而成。灰色的情绪也是适中的，一般带给人的感受也比较冷淡。灰色所描绘的情绪主要有这么几种：第一种是高级感，予人一种高雅、与众不同、精致的感觉；第二种是比较偏白的灰色，让人觉得偏柔和清冷，情绪上比较平和稳定；第三种是稳重、成熟的感觉。

（四）红色

红色是十分灼人眼球的一个色彩。由于它的明度比较高，因此容易让人在众多色彩中一眼捕捉到它，情不自禁被它吸引过去。红色总是让人觉得热情、奔放，似乎要叫人把所有激情都迸发出来。举例来说，张爱玲笔下的《红玫瑰与白玫瑰》，代表红玫瑰的女孩性格强烈，不受束缚，使人感觉奔放热烈。红色也可以是喜庆的、欢愉的、性感的，中国人喜欢红色，这热烈的红叫中国人沉醉，人们喜欢在婚礼上用这明艳艳的颜色铺垫喜庆的情绪。丝质的吊带睡衣，鲜艳的口红是否让你联想到妩媚而性感的女郎？这时候的红是欢愉而性感的。红亦是血性的、冲动的，让人联想到流出的鲜血、生命的跳动。

（五）粉红色

粉色是红与白调和的色彩，根据调和的色度不同，产生的感觉也会有一点不一样。粉红给人情绪上带来的更多是浪漫的、少女的、甜美的感觉，有时甚至觉得粉色很减龄。是一种年轻的感觉。一些粉色主题的场景总是让女生忍不住去靠近，恋爱的女生尤其喜欢粉红色。但是粉色如果运用不当，则会给人带来一种艳俗、腻味的感觉。因此了解一种色彩的情绪要置换到一定的情景和场合下。

（六）黄色

黄色是明度最高的颜色，小时候画太阳光、画月亮总是用黄色的蜡笔。因此黄色给人一种明亮如光的感觉。第一种情绪，是令人觉得警觉的、显眼的情绪，一般警告标志是用黄色来表达的；第二种情绪是积极的、阳光的、上进的、耀眼的。举例来说黄色性格代表的是成就型的人，一般这类人都比较好奇，喜好钻研，因此喜欢黄色的人一般性格都比较理性且比较积极上进；第三种情绪是尊贵的、显耀的，中国古代帝王崇尚黄，因此将这个色彩赋予了一种至高无上的感觉。

（七）橙色

橙色是红黄调和的色彩。因此情绪也比较介于两者之间。第一种情绪是热心的、无偿的、开朗的感觉。当它代表这种情绪的时候往往出现在志愿者的服装上，导游的帽子上或者是使人联想到朝阳，是一天的开始，太阳升起的伊始。第二种情绪是低俗的、艳俗的，橙色在运用到服装上的时候要更为讲究，因为它容易带给人一种比较低级、乡土的情绪感受。

（八）绿色

绿色是色彩中最和谐的一个。想到绿色我们总是联想到朝气蓬勃的春天或是绿荫重重的夏日，使人觉得充满了希望。因此绿色所传达的情绪更多的是和平的、快乐的情绪，选择这个色彩的人一定很温柔吧，没有攻击性，使人不自觉感到亲近。绿色也可以传达一种环保的、健康的心理，开始保护自然的人们也许会对绿色抱有比过去更多的好感。但是绿色的运用也同样很重要，明度和纯度运用不当就容易显得平庸、俗气。

（九）蓝色

蓝色是忧郁的，也是深沉的。当人们联想到一望无垠的大海便会觉得它带有深沉而神秘的气质。蓝色让人觉得包容、广阔、充满理性，似乎喜欢蓝色的人都比较沉着冷静，处变不惊。蓝色也是忧郁的，当理性过了度，便是悲伤了。蓝色也是种充满灵性、纯净的色彩，让人联想到蓝宝石、蓝精灵等等。

（十）紫色

紫色的情绪是高贵、奢华的。往往使人觉得它优雅迷人，彰显气质。

当然，随着时间的推移，色彩不仅仅只有这十个。运用到我们生活中的色彩更加缤丽丰富。由于篇幅有限，将不在此赘述。

二、搭配原则

服饰色彩是需要设计与搭配的。无论是设计师还是穿着者都需要训练对服装色彩的审美。塞尚说："设计与色彩是不能分开的。设计的存在取决于色彩被真正地画出的程度。色彩越是和谐，设计则越是明确。"

在服装色彩搭配中，最简单和首要的原则，就是一套服饰最好不要超过三种颜色。全身的色彩一旦超过三种，就容易产生杂乱无章的视觉效果。在这三种色彩中主要可以分为三块：主色、搭配色、点缀色。

主色是指在一套服饰中占比最大的部分，这一部分基本决定了服装的整体基调。搭配色是指在服装中占据第二大比例的部分，这一部分可以根据自己的需要进行调整，区间略小于主色部分，一般是为了祛除服装的单一乏味而存在的。这个颜色可以是选择与主色接近的色系用来形成和谐自然的过渡，也可以是与主色形成碰撞的色系用来活跃服装的整体风格，带来视觉冲击。至于点缀色，通常占比非常小，只是用来强调服饰的某一个部位，或者用来做上下呼应的饰品色。

下面我们来看几个例子：

如图 2-44 所示，黑色是这款服饰的主色，白色是它的搭配色，而中间细碎的绿色纹样则是它的点缀色。在选择服装时我们要做到上下呼应，尽量不要让它们脱节。露肩上衣的黑色吊带与黑色绑带式凉鞋呼应黑色的大体积的裤子，使得在视觉呈现上有了统一性。上衣白色为整套服装的搭配色，这里采用了一种黑白对比的经典配色。白色部分略少的设计，拉长了穿着者的下半身比例，起到显高的作用。大家可以在日常搭配上复制这种上少下多的色彩搭配方式起到拉长腿部比例的效果。中间呈绿色的分散的碎花是点缀色，事实上没有这个点缀色，套装会显得比较严肃刻板，有了绿色的加入使得服装整体感觉更加休闲，带有几许轻盈的度假风。

图 2-44 Blumarine 2018 春夏(花瓣网)

图 2-45 Les Copains 2018 春夏(花瓣网)

如图 2-45 所示,黑白细条纹是这款服饰的主色系,红色是它的搭配色。而黑色作为这款服装的点缀色参与其中。米色的那一部分由于与肤色相近基本不影响服饰的整体色彩效果。首先黑白色适宜与任何明亮色系搭配。红色做为一个明度极高,视觉十分强烈的颜色,与黑白条纹形成了十分强烈的视觉碰撞,但如果仅仅如此服饰似乎无法融合到一起。于是黑色便作为点缀色在这里起到了一个非常不错的协调作用。黑色背带与纽扣以及靴子边缘相呼应完成了整套服饰的色彩配比。显然设计师也通过这样的一种搭配强调了她腰部裸露不对称设计的初衷。脖子上米色与红色调和的项链与靴子和红色背心相呼应,搭配出一种节奏感。

根据色彩之间的关系,我们又可以根据同种色搭配、邻近色搭配、对比法搭配来对我们的服装进行搭配组合。在举例之前,我想先分享一下怎样算同种色,怎样是邻近色吧。现在让我们将目光聚集到图 2-46 的色相环中去。

红色、橙色、绿色、蓝色、紫色都不仅仅只是一种颜色。同种色一般指色相环中的纵向排列这样的色彩关系(只发生明度的变化),而邻近色一般是色相环中相近的颜色,比如⑤与⑥、④与⑤这样角度呈 60°左右的色彩关系。对比色一般在色相环中呈对角状态,比如③与⑨、①与⑦等。一般色相环中处于同一环的碰撞最和谐。

了解了色相环中色彩的关系,我们可以从一些时尚搭配中进行学习与运用。模特所搭配的这一组服装,就是典型的对比色运用。黄色 POLO 衫与紫色小短

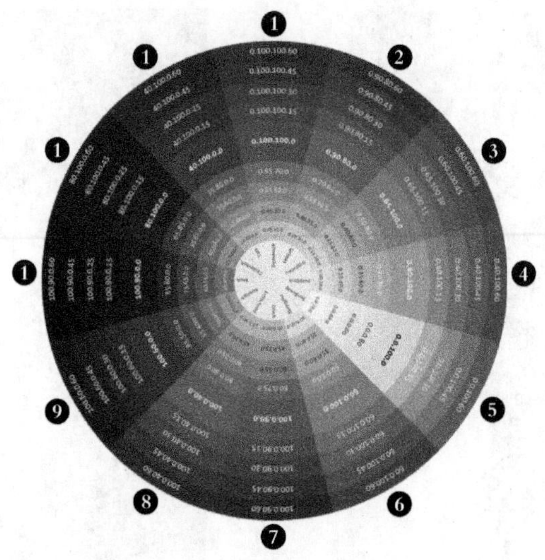

图 2-46　色相环(花瓣网)

图 2-47　Fashion Icon Twiggy (VOGUE)

裙形成色彩的碰撞,如图 2-47 所示。

如图 2-48 所示的这一套搭配,就是典型的同种色服饰搭配。我们可以看到女生的服装整体基调就是以蓝色为主。从上衣到裙子到牛仔外套,进行了明度的过渡,以及服装材质的碰撞。在同种色的服装搭配中需要注意的一点就是避免同种材质和单一纹样。因为这样的搭配容易显得呆板无趣,缺乏时尚度。此外如果已经在服装上运用了同种色,可以像示例那样搭配黑色墨镜与包包(一些与主色形成碰撞色彩的配饰)以活跃整体搭配。

图 2-48 同种色搭配示例（VOGUE）

图 2-49 邻近色搭配示例（花瓣网）

这是比较典型和简易的邻近色搭配，如图 2-49 所示。也就是之前图 2-46 中⑤与⑥的搭配。

明度极高的嫩黄色捉人眼球，搭配明度比较低的雪纺阔腿裤不至于使全身的搭配失去重点。明度稍高，有些许肌理的绿色包包起到了过渡作用。再搭配一顶黑色帽子时尚度蹭蹭上升。

在邻近色的套装搭配中，需要注意的是不要让两个颜色在一个明度上，如果使用了一定要注意配比。做到其中一个色彩的占比略少一点。

当然了，在日常生活中，要变得时尚身上会出现不止一种的搭配法则。如果有意识地去尝试和练习这些配色之间的关系，会发现搭配服装是生活中一件乐不可支的事情。

这是以主色调搭配原则为主、对比色搭配为辅的搭配方式。这样的搭配方式比较新颖，是比较需要练习的。首先这套搭配以白色为主色，它所占的整套服饰比例达到了近 85%，黑色墨镜与衬衣裙上的黑色镶边装饰以及手包相互应，发色与手包上的圆环装饰做了很好的呼应。以黑色做为底色的靴子上却用了三种对比色（橙色、绿色、玫红色）作为点缀色为整个搭配加入了时尚和趣味性。值得注意的是即是作为点缀色，这三种颜色之间也是有比例关系的，以橙色为主色，玫红色为搭配色，绿色为点缀色。如图 2-50 所示，在搭配过程一定要注意主次分明。

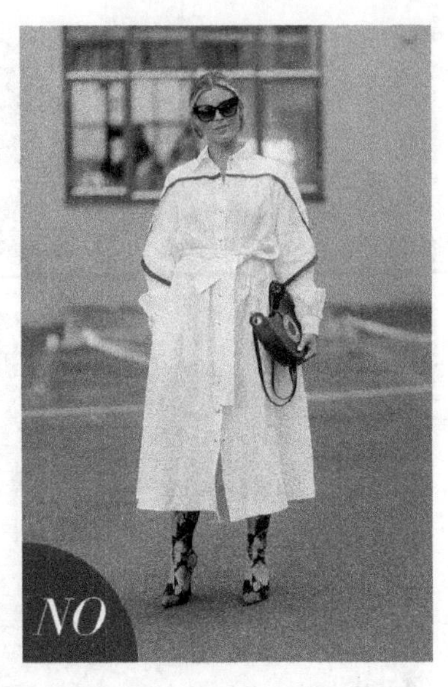

图 2-50　多种搭配法则示例 1(VOGUE)

图 2-51　多种搭配法则示例 2 (VOGUE)

如图 2-51 所示是以同类色搭配法则为主，以主色调搭配为辅，对比色搭配为点缀的搭配方法。我们可以看到女生的耳饰、丝巾、毛衣披肩和麂皮绒连衣裙以及深蓝色珍珠拖鞋采用了同类色：蓝色。通过材质的不同，形成和谐的过渡。而后腰带选用了以米色为主、黑色为辅的豹纹图案，与肤色和发色做呼应，鲜明地分割了腰身比例，修饰了身材。女生的白色项链形状与耳饰类似，色彩与黑色漆光包包成对比色关系。同时包包的红色部分又与服装的主色蓝色成对比色，完成了整套服饰的色彩游戏。

在服饰的色彩搭配中，除了要注意服装与配饰之间的色调和谐漂亮之外。也要根据自身肤色的差异，选择比较适合自己的色彩。中国人的肤色以红、黄结合的橘色为主，但是依然会有个体差异。下面将从三种肤色类型来举例说明：

(一)偏白肤色

皮肤白皙的人一般比较好驾驭各种色彩的服饰。其中纯度和明度特别高的服装会使得她们的肤色优势特别明显。比如蓝绿色、紫色、粉色还有一些明艳的冰淇淋色都特别适合白皙肤色的人群。蓝绿色的礼服将模特裸露在外的肌肤映衬得十分白皙，如图 2-52 所示。轻盈的雪纺材质配上浅粉色，由皮肤白皙的模特演绎散发出淡淡的仙气，十分有高级感，如图 2-53 所示。

图 2-52 蓝绿色礼服(花瓣网)

图 2-53 粉色连衣裙(VOGUE)

根据白色肌肤的调性,笔者从一些时尚网站搜集了一些比较典型的色彩搭配方案供偏白肤色的女性参考。如图 2-54 的紫色系以及图 2-55 的橙红色系。

图 2-54 紫色服饰潮流街拍(花瓣网)

图 2-55　橙色、红色系搭配(VOGUE)

另外,偏白肤色的人群应当少穿黑色、灰色、棕黄色调的服饰,会显得肤色苍白,没有血气。妆容素净的时候穿上述这些尤其显得没有精神。

(二)偏黄肤色

大部分的中国人肤色还是偏黄的,自带一种暖光效果的美感。但是黄色皮肤穿服不当容易映衬得脸色蜡黄,失去美感。适合典型黄种人皮肤的色彩有玫瑰红、象牙白、淡黄、浅灰、米色、棕色等。

此外黄色皮肤偏黄的程度也不一致,经过妆容的修饰,在选择色彩的时候也需要综合考虑,做到妆容与服饰有所呼应。

偏黄的肤色不适合穿对比度过于强烈的服装,以素雅的服饰色彩为优。应当规避大面积的荧光紫、荧光绿等。在穿着粉红色服装的时候也尽量规避明度过高的,因为那样会使得肤色看起来比较脏,失去高级感。

为了让大家更加清晰地了解到东方韵味应该穿服的色彩,笔者选取了一些比较典型的亚洲肌肤穿搭,供大家参考。

素雅的色彩可以将东方女子温婉的气质彰显出来,如图 2-56 及图 2-57 所示。

图 2-56　米棕系列搭配(VOGUE)

图 2-57　淡雅色彩搭配(VOGUE)

（三）偏黑肤色

先说一下黄偏黑的肤色，黄种人的黑色皮肤不会是特别深色的黑，反而会有一种浅棕色的感觉。因此在穿用服装的时候需要注意的是尽量不要穿着灰色系的服装，会显得皮肤暗淡，例如灰蓝色与灰粉色。同时，尽量不要穿着纯度低、花色模糊的服装以及棕色系的服饰，也不适合荧光绿、黄等色，不然会显得比较土气。

黄偏黑的群体也千万不要沮丧，因为如果色彩搭配得体会将服装穿得更有高级感。如果选用有图案的服装要记得挑选图案边缘清晰的，基色以黑白为底的最好。

黑白基色，干净的圆点由偏黑的肌肤穿着反而多了几许健康时尚的感觉。以此类推，像纯度比较高的底色，干净的纹路都适合黑肤女性（如图 2-58 所示）。

图 2-58　适合偏黑肤色的图案搭配（VOGUE）

另外，如果穿用粉色、黄色等服装时应该选择明度高一些的，可以将这一类色彩表达得十分纯粹，也可以映衬得肤色更加红润一些，如图 2-59 所示。

在服饰搭配中，要学会一些搭配原则，但是也不是说只使用固定的几种适合自己的色彩。举例来说，特别喜欢一个颜色，但是与我们的肤色不够融合，我们可以让它稍稍远离我们的面部和肌肤裸露比较多的地方来使用。碰到色彩差异特别大的单品，我们可以作为点缀色，通过尝试去找到它合适放置的部位。

图 2-59　适合偏黑肤色的亮色搭配(VOGUE)

三、流行色

流行色在我们的常规理解中是五大时装周他们发布顶尖设计的流行趋势，设计师们从各大流行资讯网站以及时装周中总结再设计出市场上售卖的服装，然后由一波一波的大众经过追随而筛选出来最受欢迎的色彩就是那一阶段的流行色。

但是事实上，流行从一开始就是来源于生活，取材自某一时期被大众和时代所肯定的元素，因此流行其实是自下而上的传播，然后经过确认，再通过权威机构发布自上而下地影响人们的爱好和消费。

对于流行色在设计中的筛选和再设计我将不在这里赘述。

每年口口相传的流行色，仿佛总是单独存在的，经常能够听到今年流行紫色，预测明年春夏流行红色等等。其实，流行色并不仅仅只是单独的色彩，而是一个个流行色组。

我们以 WGSN 发布的 2018—2019 年秋冬流行色为例，一共有四个主题：幻梦影、天觉灵、哲思冥、同相融、合意境。在每个主题下，都会总结出一组一组的色彩，这些色彩的提炼有些与前一年的相同，有些则是有可能在新的一年被大家选择为主要流行色。但是这些色彩将一并进入被选择的范围。我们在运用流行色的时候应当结合自身的气质、肤色、适用场景进行过滤与筛选。而不是一味追逐最流行的那一个颜色。见图 2-60。

根据时尚流行周期的发展，一定会出现最受欢迎的颜色。但是我们应当在

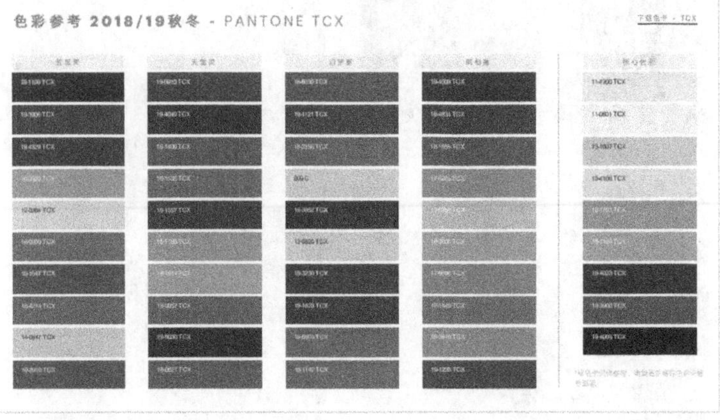

图 2-60　2018/2019 秋冬流行色(WGSN)

其中挑选最适合自己的那一个，而不一定是选择受到最多人肯定的那一个，毕竟适合自己才是最重要的。

此外，流行色的运用也可以从一个颜色的纯度与明度上去进行变换，使得这个最为流行的颜色适合自己。

以 2018 春夏流行的紫色与黄色为例。在预测中就会给出紫色色系与黄色色系，而不是给出单独的一个颜色，如图 2-61 所示。

图 2-61　2018 春夏流行色——紫色(WGSN)

在流行色的实际运用中，并不一定要大面积使用流行色，而是可以通过巧妙的设计与搭配使得色彩成为点亮整套搭配的重点，用来强调重要的设计部位或是成为整套服装的点睛之笔。如图 2-62 在黑色卫衣上的紫色字母印花图案与粉紫色木耳边半裙，以及图 2-63 的淡紫色花边与袖克夫设计。

图 2-63 是 2018 春夏黄色系流行色在服饰潮搭中的应用。

图 2-62　2018 春夏纽约、伦敦时装周秀场外街拍（海报网）

图 2-63　2018 春夏纽约、巴黎时装周秀场外街拍（海报网）

了解了流行色不仅仅是单色，我们就可以根据前面普及的色彩搭配法则以及自身的实际情况更加灵活自然地运用流行色了。

第三节　面料

一、面料的鉴别

对于服装面料的鉴别其实是为了更好地发挥我们所购买的服饰的功能性以及更好地去保养我们心爱的服装。

下面让我们从面料的类别以及成分和特性切入，深入了解它们的优劣，然后记住它们的保养方法。

(一)棉

在日常生活中棉是春秋以及夏季比较受大众青睐并比较常见的一种面料。在鉴别面料成分的时候我们通常有两种方法，一种是感官鉴别法，一种是燃烧法。显然我们去购买服装的时候很难使用燃烧法。所以我们主要学习感官鉴别法，对面料有个初步的材质判断。

一般春夏穿用的棉布都是质感比较柔软的，抚摸起来比较轻薄，如果手攥紧一处松开后会有明显皱痕，布料没有弹性，且容易缩水。纯棉的布料吸湿性和透气性都非常不错，所以是春夏的首选布料。

不过，随着技术的发展，市面上许多的棉质衣物并不一定是全棉的，根据混纺的材质不同，布料的属性也会发生改变。比如比较常见的涤棉布，手感会较之棉布更加顺滑，色泽上更加明亮一些，如果用同样的方法去揉布料，不易皱，而且根据涤纶占比的程度，会有不同程度的弹性。

棉布的种类，主要有平布、府绸、麻纱、斜纹布、卡其、哔叽、棉华达呢、横贡缎、劳动布、牛津布、青年布、线呢。见图 2-64～2-74。

图 2-64　平布(360 百科)

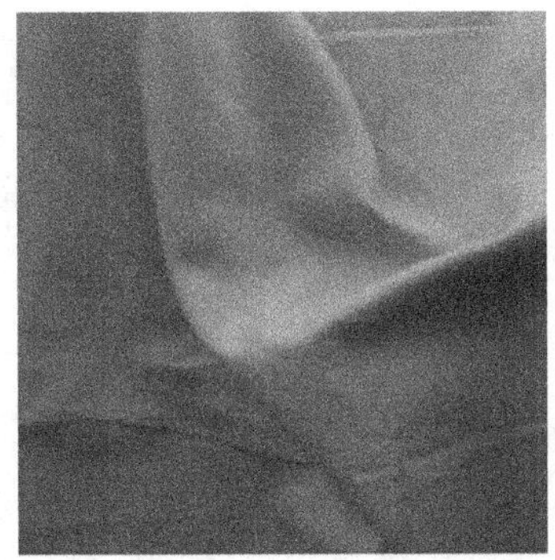
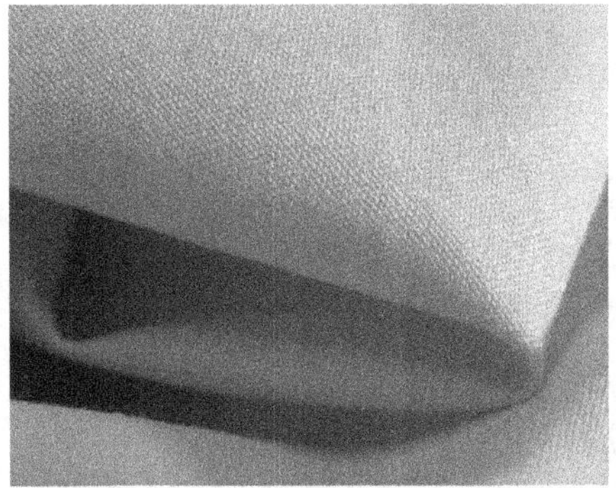

图 2-65　府绸(360 百科)

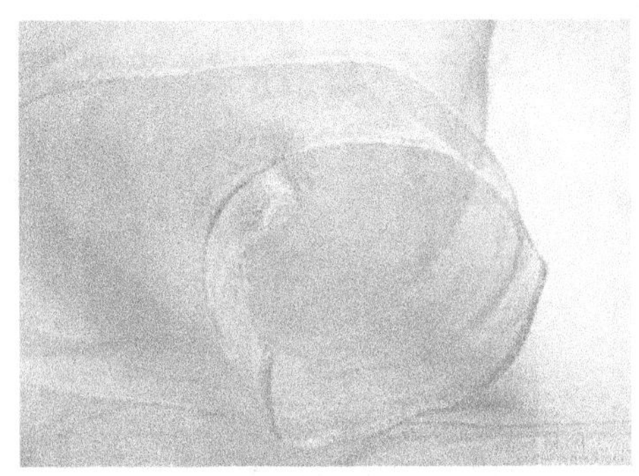

图 2-66　麻纱(360 百科)

图 2-67　斜纹布(360 图片)

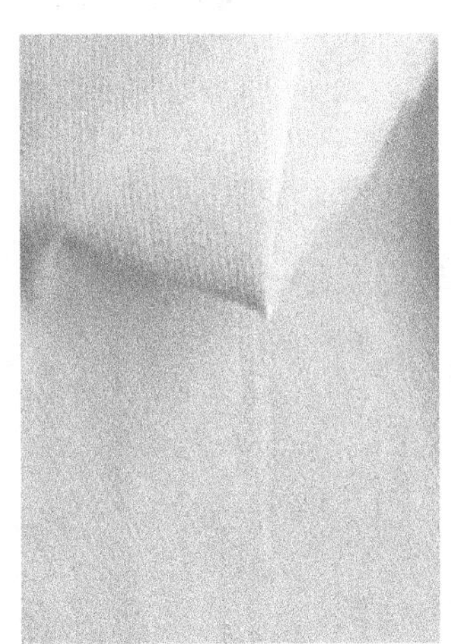
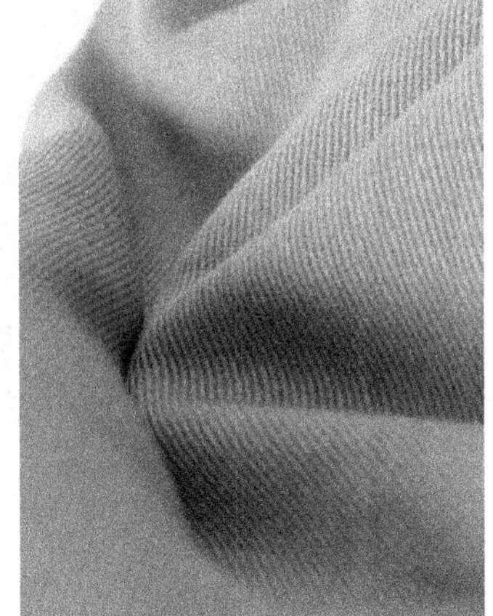

图 2-68　卡其(360 百科)

图 2-69　哔叽(360 图片)

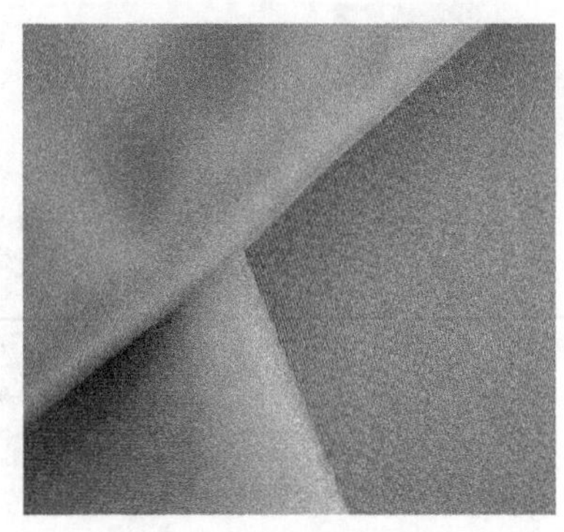

图 2-70　棉华达呢(360 图片)

图 2-71　横贡缎(360 百科)

图 2-72　劳动布/牛仔布(360 图片)

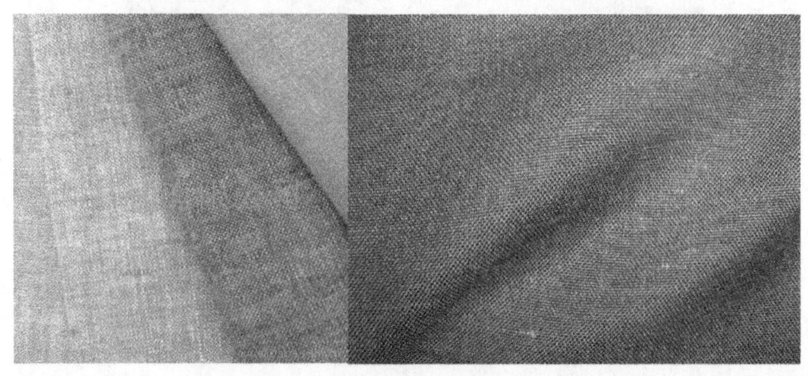

图 2-73　青年布(360 图片)

图 2-74 线呢(360 图片)

● 棉布的洗涤事项：

(1)可水洗,勿浸泡。

(2)勿使用高温烘干。

(3)洗涤时可用碱性肥皂或中性洗剂,勿使用漂白剂及含有萤光剂的洗衣粉。

(4)初次遇水会收缩,正常缩率大约是 3%～5%。

(5)防止褪色、染色:有颜色的衣物可在洗涤前先用盐水浸泡,或是加少许醋在洗衣的水中,可防止褪色。深色衣物建议和浅色衣物分开洗涤,并将衣物翻面,可避免衣物染色情形。

● 棉布的熨烫方式：

请使用中温熨烫。

● 棉布的保养方式：

收藏时深浅对比的衣物,勿折叠放置一起,以避免因湿气而造成染色情形,并在衣柜中放置干燥剂。

(二)毛

纯毛织物的表面色调均匀,呢面平整,光泽柔和,手感摸起来柔软并且富有弹性。用手去攥紧松开后,并不会有皱痕,可以迅速恢复原状。

粘纤人造的毛织物光泽就比较暗淡,有一点类似棉布,手感虽然柔软但是却失去了纯毛织物的弹性。攥紧以后会有皱痕,失去纯毛织物的挺括感。

涤纶混纺的毛呢织物就会有比较好的光泽度,手感光滑挺括但是不如纯毛织物柔软,材质较硬;具有良好弹性,且不会皱。

毛呢面料同样也有分类,主要有华达呢、哔叽、花呢、板司呢、法兰绒等,见图 2-75、2-76。其中华达呢、哔叽在棉纺混纺类织物中已经有示意图,就不重复放置了。

图 2-75 花呢(360 百科)

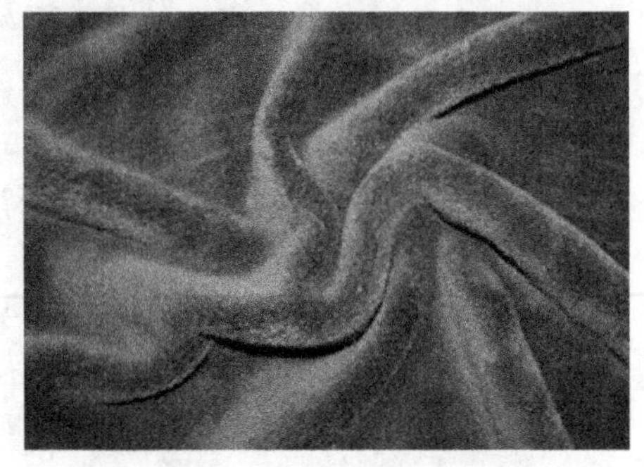

图 2-76 法兰绒(360 百科)

● 毛料的洗涤事项:

(1)不耐碱,应选用中性洗涤剂,最好使用羊毛专用洗涤剂。

(2)冷水短时间浸泡,洗涤温度不超过 40 度。

(3)采用挤压洗,忌拧搅,挤压除水,平摊阴干或折半悬挂阴干,不要曝晒。

(4)湿态整形或半干的时候整形,能够消除皱纹。

(5)机洗勿用波轮洗衣机,建议选用滚筒洗衣机,应选择轻洗档。

(6)高档全毛料或毛与其他纤维混纺的衣物,建议干洗。

(7)夹克与西装类干洗。

(8)切忌用搓衣板搓洗。

● 毛料的日常保养:

(1)忌与尖锐、粗糙的物品和强碱性物品接触。

(2)到阴凉通风的地方晾晒,干透后方可收藏,应放置适量的防霉防蛀药剂。

(3)收藏期间定期打开箱柜,通风透气保持干燥。

(4)高温潮湿季节,应晾晒几次,防止霉变。

(5)切忌拧搅。

(三)丝

天然的丝质面料光泽明亮,手感丝滑柔软,触摸有拉伸感,富有弹性。其他仿丝没有这样高级顺滑的触手感觉。纯粘纤的仿丝绸虽然光泽度也非常不错但是没有真丝的柔和,手感也很滑爽但是却不挺括。涤纶的纺丝光泽均匀,手感也挺括,是比较难与天然丝绸区分的,购买的时候可以注意一下成分标签,看一下成分比配。天蚕丝占比越高的,价格越高昂。耐伦纺丝有蜡状手感,弄皱以后会慢慢恢复平整。

天然的以及加入涤纶的丝绸弹性好,而且不容易皱。粘纤混入的则易皱难以恢复。

常见的丝绸面料有电力纺、绫、织锦缎、双绉、乔其纱、丝绒、双宫、塔夫绸、香云纱等等，如图 2-77～2-82 所示。

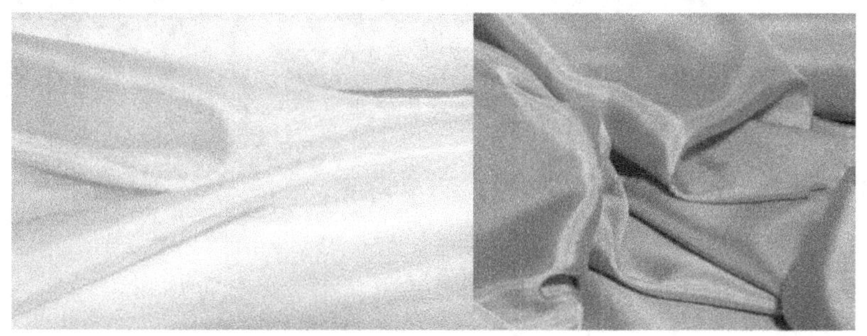

图 2-77　电力纺(360 图片)

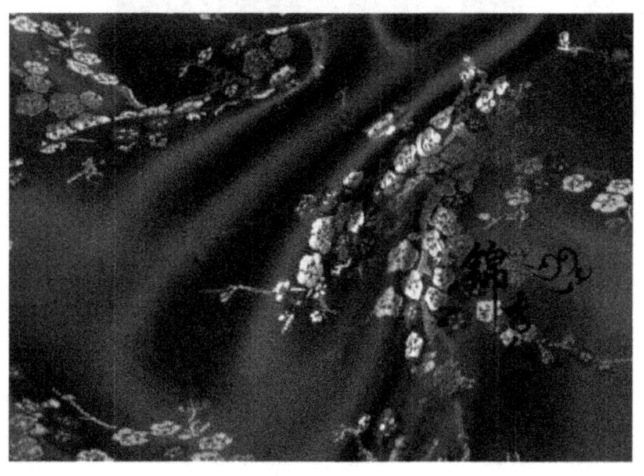

图 2-78　织锦缎(360 图片)

图 2-79　双绉(360 图片)

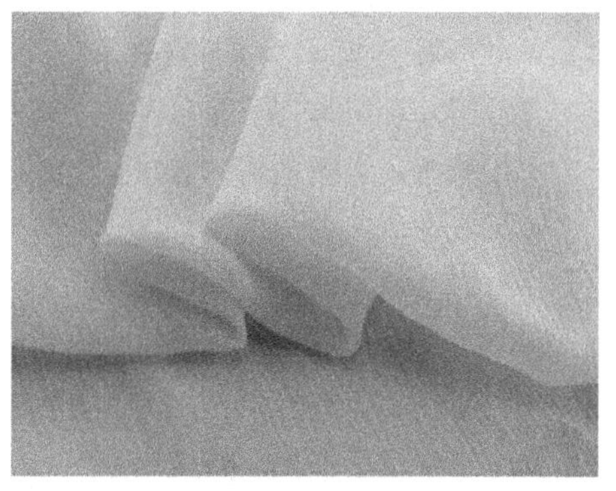

图 2-80　乔其纱(360 图片)

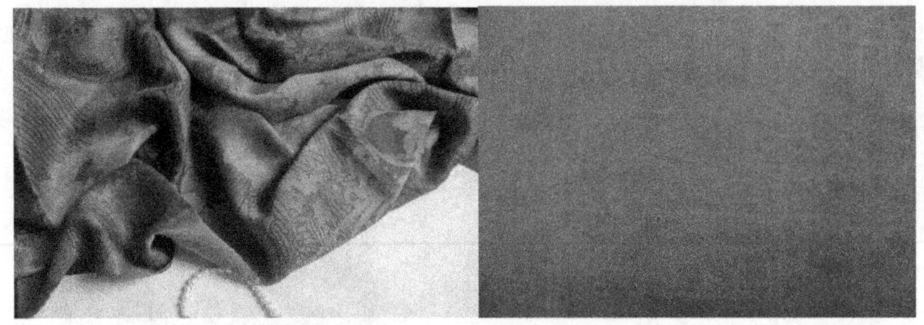

图 2-81　香云纱(360 图片)

图 2-82　塔夫绸(360 图片)

● 丝织物的洗涤事项:

(1)忌碱性洗涤剂,应选用中性或丝绸专用洗涤剂。

(2)冷水或温水洗涤,不宜长时间浸泡。

(3)轻柔洗涤,忌拧绞,忌硬板刷刷洗。

(4)应阴干,忌日晒,不宜烘干。

(5)部分丝织物应干洗。

(6)深色丝织物应清水漂洗,以免褪色。

(7)与其他衣物分开洗涤。

(8)切忌拧绞。

● 丝织物的保养事项:

(1)勿暴晒,以免降低坚牢度及引起褪色泛黄,色泽变劣。

(2)忌与粗糙或酸、碱物质接触。

(3)收藏前应洗净、熨烫、凉干,最好叠放,用布包好。

(4)不宜放置樟脑丸,否则白色衣物会泛黄。

(5)熨烫时垫布,避免极光。

(四)麻

麻纤维强韧、柔细,具有较好的色泽。麻纤维强力大,在水中不易腐烂,并有防水作用,此外还有耐摩擦、耐高温、散热快、吸尘率低、不易撕裂、不易燃烧、无静电、耐酸碱高等独特的优点。

麻是植物的皮层纤维,它的功能是近似人的皮肤,有保护肌体、调节温度等天然性能。亚麻布服装比其他衣料能减少人体的出汗,吸水速度比绸缎、人造丝织品,甚至比棉布快几倍,与皮肤接触即形成毛细现象,是皮肤的延伸。麻的这种天然的透气性、吸湿性、清爽性和排湿性,使其成为自由呼吸的纺织品,常温下能使人体室感温度下降 4～8℃,被称为"天然空调"。

棉麻是夏天常常使用的一种面料,麻的透气吸汗结合棉布的柔软使得人在穿着的时候可以更加舒适。

生活中常见的棉麻布料质感如图 2-83 所示:

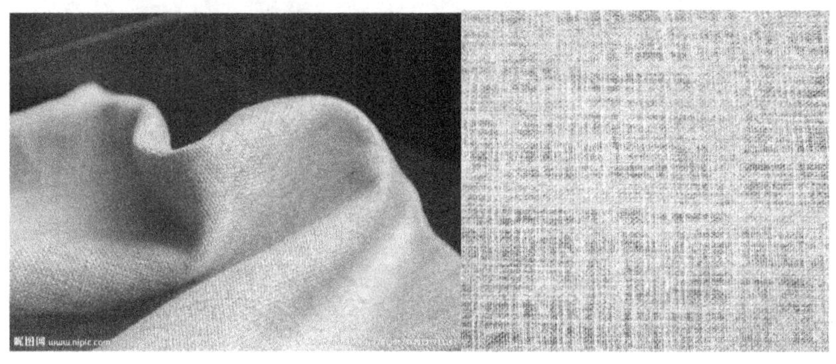

图 2-83　棉麻(360 图片)

● 麻织物的洗涤事项:

(1)麻织物的洗涤要求基本上与棉布相同,但其浸泡时间不宜过长。又因麻纤维一般都较刚硬,抱合力差。应当轻揉,不宜在搓板上强力搓揉,忌用硬刷擦刷,以免起毛。苎麻服装尤需注意,否则起毛后再穿时会感觉刺痒不适。

(2)漂洗后不能用力拧挤或脱水,以防麻纤维滑动,影响外观和耐穿程度。晾晒时,应将衣服的领襟及接缝等处拉平拉挺,可在太阳下晾晒,但不要曝晒时间过长,防止褪色。

(3)麻织物沾上的各种污渍,去除方法亦与棉织物相同,但若亚麻织物上有轻微香烟灼痕,可用一片柠檬擦拭后再放在阳光下晒一会即可消除。

二、面料的碰撞

我们在服装搭配的过程中除了要注意色彩的和谐之外，也需要学习不同质感面料之间通过搭配组合形成的化学反应。

面料的碰撞与色彩搭配一样也可总结归纳出一些比较常规和多见的搭配方法。我将从一些时尚网站上的街拍以及秀场搭配图片为大家做解释。

当在一套服饰中想要使用同种面料进行搭配的时候，应该从色彩上拉开一段距离，我们以图 2-84 的牛仔搭配为例，可以看到两套服饰均是牛仔外套搭配牛仔长裤，牛仔外衣的色彩使用的明度会明显高于裤装，在内搭的服装上两套服装都采用了比较明亮的颜色来为整身搭配做提亮，分别用了白色与黄色。

图 2-84　同种材质牛仔面料的搭配(视觉中国)

此外，服装在叠穿的时候可以通过材质的光泽度与厚度拉开距离，形成层次感。依然以牛仔面料为例，如图 2-85 所示，都是牛仔外套搭配连衣裙的穿法。左图用豹纹丝光材质的长款连衣裙加强了整体搭配的气质，软化了牛仔外套的硬朗，使得整套搭配刚柔并济，恰到好处。右图则用了飘逸轻柔的白色棉布与硬挺的牛仔做对比，使得整套服饰散发出青春的甜美休闲气息。

在一套服饰搭配中，面料也可以利用光泽度的变化，来进行强调、对比和节奏设计。比较容易产生效果的就是一些科技感、未来感的荧光或是漆光材质与传统面料的碰撞搭配。

以科技感的银光色面料为主色的套装外搭一个有轻度光泽感的西装呢脏蓝色披肩，形成强烈的视觉冲击。以有光感的皮质红色靴子与手包为点缀，增强了

图 2-85　不同质地面料与牛仔外套的搭配(VOGUE)

搭配的层次感,如图 2-86 所示。

图 2-86　不同光泽度面料的搭配(VOGUE)

视觉冲击比较强的还有面料厚度与性质都截然不同的搭配,在这样的搭配中需要注意的是最好使用同一个色系,不然会很难融合,显得突兀。

粉色丝质吊带礼服裙外搭一件毛绒绒的貂毛大衣,似乎跨越了季节的限制,与时尚抱个满怀。如图 2-87 所示。

图 2-87　面料厚度与性质都截然不同的搭配(VOGUE)

丝质连衣裙的细腻婉约与粉色貂毛的性感柔媚和谐共荣,裙子的清凉丝滑与大衣的温暖顺滑形成对比,带来不一般的视觉对撞。

在日常生活中,虽然极少有机会复制这样夸张的大面积对撞,但是却可以在服装与服饰品的搭配中起到很好的借鉴作用。

三、面料的再造

服装面料的再造其实通俗来说更多的是指将平整的布料变得立体化。比较常见的几种手法有抽褶、堆叠、褶裥、褶皱、凹凸等。

一般来说经过面料再造的服饰可以显得更有设计感。不知道你们是否和我一样在逛街的时候容易注意到做过面料特殊处理的一些设计单品。

面料再造中比较典型的就是褶裥。这个在现代服饰设计中广为应用的面料再造方式其实是源自于日本的一位著名设计师:三宅一生。

“如果不是他,褶皱的美感都会被熨斗铲平”,这是我国台湾地区文案天后李欣频对三宅一生“一生褶”的理解。

对于“一生褶”的诞生,要从三宅一生结合东西两种文化的意识开始说起,那时候大多数的设计师还是会最高程度在自己的设计中发挥一种文化的精髓,即使偶有参考另一种文化,却只是借用其中的一些表层的现象来为自己的设计做润色。但是三宅一生不同,他对中西服装文化进行了深入的探究,发现东方服装注重空间感和西方服饰注重结构严谨,他以新的科技与新的材料实现了对传统服装表现的颠覆，如图 2-88 所示。

图 2-88 面料厚度与性质都截然不同的搭配(VOGUE)

这种褶皱的原料是涤纶，采用的工艺是机器压褶时直接依据人体曲线和造型调整裁片和折痕，上身之后立即营造出立体线条，还能起到修饰作用，可它们没有其他大牌患有的“公主病”，可冷水手洗、易晾干、无须熨烫。

因于商场里已经见过面料再造的款式，不再在此赘述。

不知道在你们的衣橱里是否也会有很多时间比较久了，但又舍不得扔的衬衣、T 恤等等，其实我们可以通过自己简单的面料再造学习，使得它们成为新的款式从而变得时尚起来。

这样细微的袖子部位面料再造就像袖口的设计变得甜美可爱，如图 2-89 所示。

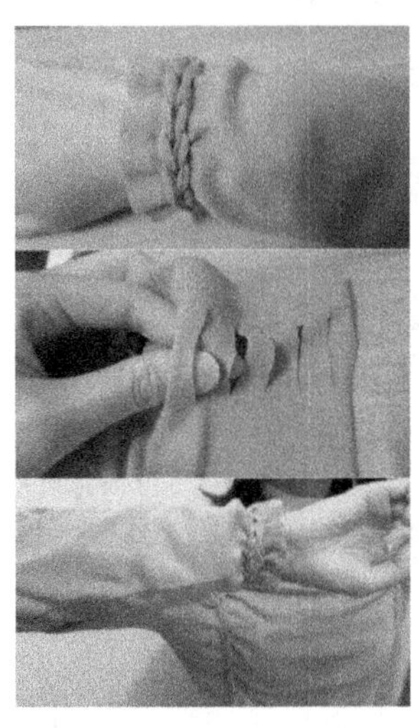

图 2-89 袖子部位面料再造(花瓣网)

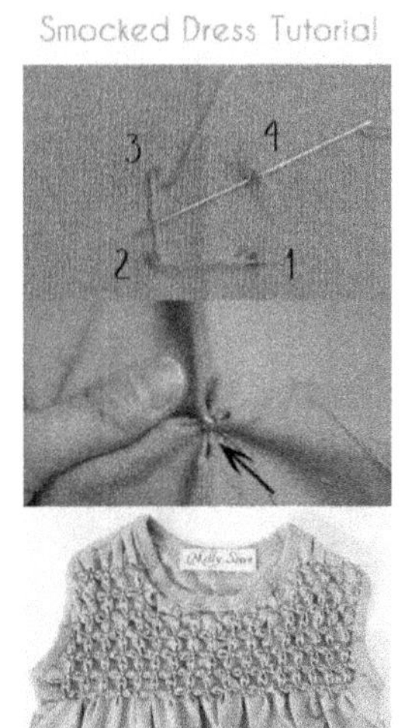

图 2-90 简易立体缝纫凹凸面料再造(花瓣网)

通过针线，对局部进行规律性的缝制，搭配小珍珠或是小珠片做出立体花形，然后进行排列组合，就可以把一件普普通通的针织裙变得更让小朋友喜欢。如图 2-90 所示。

买一些好看的几何图形装饰片，进行简单的钉珠再造设计，就可以将原来普通乏味的圆领修改得趣味跳跃了，如图 2-91、2-92 所示。

当然在选取珠片的时候要注意它们的色彩是否与要改造的衣身和谐。

图 2-91　钉珠面料再造原材料（花瓣网）

图 2-92　钉珠面料再造成品（花瓣网）

对普通 T 恤条状破损，然后将部分网状缝合，就形成了时尚的流苏元素，如图 2-93 所示。

图 2-93　面料再造——破损手法(花瓣网)

当然了，如果仔细琢磨，还有许许多多不同的面料再造方法帮助我们 DIY 自己的时尚因子。只要善于发现和学习这些面料再造的小秘密，每个人都可以是自己服装的设计师。快找出衣橱里的旧衣服来试一试吧。

第三章
服饰之文

第一节　自然环境与文明对服饰的影响

一、自然环境与服装款式

自然环境因素对服饰设计产生直接影响的是气候因素。因纽特人长期生活在北极地区，由于其地理环境因素，他们利用毛皮制成了迄今为止最好的寒冷气候服饰，其服饰特点为四肢包裹，上衣有长长的后摆，可以当坐垫，防寒防潮，非常适应漫长的北极跋涉，内衣则是用动物绒毛制成的。而我国唯一的纯狩猎民族——鄂伦春族，长期生活在我国黑龙江流域大小兴安岭地区，他们则采用狍皮缝制服饰，为身体散发的热量提供聚集空间，以挡风御寒。非洲、南美洲等低纬热带地区，由于气温高、湿度大，服饰多以开放宽敞为主，以便散热。西亚、北非等热带干旱沙漠地区干热少雨，尽管气温很高，但是人们还要头戴白色纱巾，身穿质地轻薄的宽袍大袖衣服，是因为这些地区阳光十分毒辣且少或无树木庇荫，如此穿戴是为了防止晒伤皮肤，且免受沙尘之苦，穿着也不觉得闷热，非常适合当地干燥、炎热的气候特征。我国高山族利用椰子皮制作的坎肩，也是为了适应炎热的气候环境。见图 3-1、3-2。

图 3-1　因纽特人的服装

图 3-2　沙漠地区的服装

自然环境的适应性对服饰设计也有较大的影响。我国海南岛黎族姑娘多采用麻布和土布制作筒裙，其裙摆较短，穿在胯部，以适应蹚河过水之需。生活在美国华盛顿北部普吉特桑德地区的印第安人，则充分利用当地的雪松树皮，将其制成圆锥形的上衣和宽大的披肩使得雨水能快速流泻。印度妇女喜爱穿“莎丽”（如图 3-3），日本人喜欢穿“和服”（如图 3-4），阿拉伯民族喜欢穿“白长袍”，就是便于适应自然环境。

图 3-3　印度莎丽

图 3-4　日本和服

日温差的变化也影响人们的服饰，“早穿皮袄午穿纱，围着火炉吃西瓜”是日温差与服饰关系的写照。我国牧区的藏民大多穿着羊皮长袍，常常袒露出右肩或双肩，两袖在腰间系紧，这样的穿着习俗一是为了行动及劳作之便，另一个重要的原因就是西藏地区一天之中温差很大，早晚寒凉、中午较热，这种着装方式起到了调节体温的作用。

二、自然环境与服饰色彩

自然环境不仅影响服装的样式、材质，对服饰色彩也有较大的影响。居住在我国西部地区黄土高原上的农村姑娘，特别爱穿色彩鲜艳的花衣裳。在那里，天地一片灰黄，景致单一，色彩非常单调，姑娘们身穿色彩艳丽的花衣，在这样的环境色彩衬托下会显得格外的出众、美丽。地处欧洲中南部的瑞士是一个山国，山清水秀，全国一半以上的土地被绿地所覆盖。瑞士人的服饰用色，除喜欢欧洲传统的黑色、咖啡色外，还对红色情有独钟，我们从瑞士的国旗颜色可见一斑。瑞士整个国家给人的色彩印象就是绿色，当人们身着红色的服饰时，绿色的环境就成为映衬人的最好背景。

我国的江南与闽南地区都属于亚热带季风气候，夏天炎热，冬天温暖，四季分明，而且经常降雨，且多集中在夏季。因此，雨季较长的江南与闽南地区常年气候湿润，雨雾天气多，透明度较差，飘渺朦胧的环境让地处该气候带的人们更加青睐于穿着较高明度色彩的服装，增强色彩反光性。例如，江南水乡妇女服饰的上衣、作裙、大裆裤等都喜欢使用高明度的白色作为拼接或点缀的色彩，而大面积高明度浅蓝色的使用更是在主体服饰中十分常见；闽南妇女的服饰中，高明度白色、黄色、红色的使用频率极高，可以通过这些高明度色彩强化反射线对视觉的刺激，增强整体环境的光亮感。

三、草原文明与蒙古族服饰

蒙古人顺应自然创造出的另一文化产物便是其风格浓郁的民族服饰。受蒙古高原大陆性气候的影响，蒙古族服饰从帽、袍、褂，到腰带和靴，应有尽有，且每一部分都与草原地理环境有着密切的联系。

（一）头衣

草原上一年四季都有风，因此，头衣是蒙古人必不可少的。头衣一般分帽子和头巾两种。帽子不分性别，男女都可以戴，而头巾主要为女性所戴。蒙古帽中最传统也是最有代表性的当属“风雪帽”（如图 3-5）。由于其形状很像一只老鹰，所以也叫“鹰式帽”。这种帽子顶部呈尖状，可以减少强风带来的阻力；两侧线条向后的卷帘在严寒天气里可以遮住耳朵和脖子；帽前宽大的檐可以降低高原强光对人眼和脸部的伤害。头巾则多将除面部以外的整个头部包住，不但阻止寒风对前额的吹打，而且能将耳护住，以免强风自耳边呼啸而过时头晕目眩或两耳轰鸣。

图 3-5　风雪帽

(二)蒙古袍

无论是皮袍还是布袍,蒙古袍的特点都是宽且长。草原的天气变化无常,特别是夏季,昼夜温差十分大,牧民们不可能在一昼夜间随时增减衣物,而蒙古袍就轻易地解决了这个问题。在天气骤变时,宽大的蒙古袍会首先与身体形成一个“小气候”,从而缓解外界温度变化对人体带来的刺激,长长的袍子又护住了大腿和膝盖,十分暖和。同时,由于蒙古袍宽大且厚实,在夜晚可以横过来当作被子,十分适合在野外放牧或跋涉迁徙。蒙古袍的袖子是非常有特点的马蹄袖,这也是马背民族的又一个小创作——窄而紧的袖口,接上长及手背的马蹄形袖头,是马背上的蒙古人握缰持鞭的最好防护。除了袍以外,蒙古袍中还有马夹、坎肩、斗篷等等,他们是蒙古袍的附属部分,便于在天气变化时及时加衣。见图 3-6。

图 3-6　蒙古袍

(三)蒙古靴

靴子同样是牧民生活中必不可少的。草原上郁郁葱葱,草场茂密的地方可深及膝盖,且草中露水重、虫蛇多,蒙古靴筒高,可在骑马时保护脚踝,在行走时避免裤腿被荆棘划破或有虫蛇袭击。蒙古靴的底也十分厚,靴头尖而翘,既防潮隔凉,又缓解靴头在长时间行走中的磨损。特别是以优质羊毛制成的毡靴,保暖和隔潮性能极佳。见图 3-7。

除以上基本构成外,蒙古族服饰的面料也十分丰富,有传统的皮毛和毛毡,也有布、绸、丝、缎等。同时,在不同地区,其服饰也不完全一致,这主要是由不同的自然地理环境造成的。例如,在阿拉善地区,由于沙漠面积广大、气候干热,人们的衣袍多为素色且面料较为轻薄透气,妇女们多裹有长长的头巾,并将面孔遮住,防止风沙侵入口鼻;而生活在东北部呼伦贝尔地区的蒙古人,则多以皮毛制作衣服来抵御严寒，且服饰颜色多为红、黄、橙等鲜亮的暖色调。

图 3-7　蒙古靴

四、农耕文明与汉族服饰

汉文化是基于平原的农耕文化，权力高度集中，最上层的贵族不需要亲自劳作，故传统汉服宽袍大袖，并有裙无裤。且由于汉文化的五德之说影响，汉服在每个朝代都颜色不同如宋朝崇火德，故尚红，且由于儒家文化影响(包括周礼)汉服必须得右衽结发，左衽披发常被指代亡天下。还有许多包括花纹式样，历代由于汉文化的改变(包括主动和被动)而汉服发生改变(典型的就是胡服骑射)，过于繁复而不一一叙述。当然，以上都是指代统治阶级的汉服，平民服饰则没有这么考究，形制也是服务于劳动需要，只能是保持一些右衽结发等基本汉族文化传统。见图 3-8。

图 3-8　汉服

宽大的汉族服装，反映的其实是汉族人的生活观和价值观——追求闲适平淡的宁静生活。这种衣服不适合动作幅度较大的激烈运动，比如骑马或者打猎，但十分适合古代士子下棋赏花、吟诗作画的安逸生活。作为比较，我们可以看一下少数民族的传统服饰。中原周围的少数民族多穿窄袖紧身的衣服，因为这些少数民族喜欢骑射等动作幅度较大的活动。

第二节　经济对服饰的影响

一、香奈儿套装

1914年，第一次世界大战爆发，这场战争堪称欧洲历史上破环性最强的战争之一，导致很多欧洲国家已经破产或者濒临破产，壮年男子都被征召入伍，女人被迫走出家门，走上社会外出工作挣钱养家，同时也开始重视自己在社会的位置，在此之前女人只是男人的“附属品”。所以，在一定程度上，第一次世界大战让女性的地位有了一定的提高。也同时加快了女装的现代化进程。

对于法国先锋时装设计师、“香奈儿”(Chanel)品牌创始人可可·香奈儿来说，战争没有带来恐慌，反而提供了机遇：第一次世界大战把原本稳定的欧洲高级时装市场搞的严重萎缩，风雨飘摇，不管多么稀有的羽毛宝石，在战争期间也没有食物来的更加重要，同时富人们也没有心思去炫耀自身的财富，同样也把奢华全部抛到了脑后。奢侈的生活一夜之间被危机剥夺，实用简洁成了新的日常规则。

香奈儿的时装店是当时街上唯一营业的店，其漂亮休闲的服装正好适合体力活动——宽大、长及臀部的针织上衣和直筒亚麻裙、开领的海员衫和没有装饰的女帽。因为战争，整个多维尔的着装都成了暗色调，丝绸消失了。当战争改变了生活方式、人生态度、社会、政治和人们自身时，时装和其他许多时尚也都变得颠倒了。裙撑、塔式臀腰和短细褶边的裙衫被舒适的运动装和针织套头衫所代替。据说材料的短缺导致了更短女装的诞生，而金属的缺乏帮助结束了撑条和“紧腰束带”的时代。见图3-9。

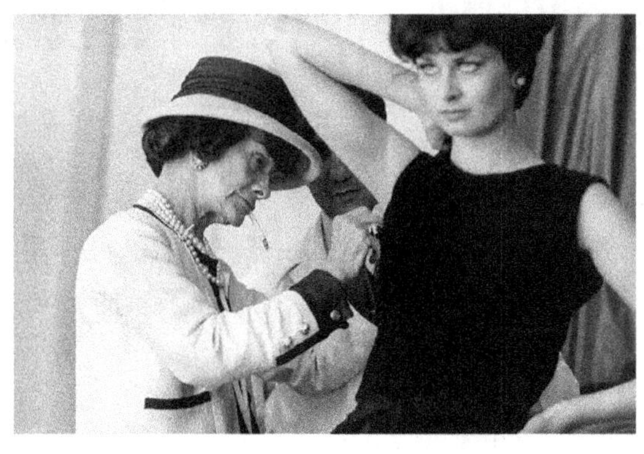

图3-9　香奈儿在帮模特调整服装

而香奈儿套装也是在战后诞生的。香奈儿套装采用斜纹软呢面料，是为了增加身体的舒适度和功能性的设计，套装由一件夹克、柔软羊毛或者斜纹软呢面料的裙子组成。裙子长度仅仅到脚踝，而不是像战前的裙子那样长而烦琐，她并没有使用当时非常常见的加固面料或者使用垫肩来达到强化女性特征的目的，上衣采用的是直线型裁剪方式，在胸围处并没有增加突出服装立体效果的省道，这样的上衣非常便于运动，使穿着者活动自如，不像之前的维多利亚时期的服装，女性的身体被紧身胸衣牢牢束缚，就连喘气都十分困难。这套服装最大的特点就是毫无取悦男性的元素，舍掉了烦琐的装饰花边，不再强调胸部和臀部的曲线，因为长度不足以完整及地，因此又叫作“四分之三”短外衣。上衣的宽松领口也是香奈儿独创的设计，她的领口设计不仅可以体现女性优雅的颈部，同时让头部和颈部都能够活动自如，这一点和维多利亚时代的紧紧围住脖子的女上衣截然相反，在香奈儿套装的上衣上，还有实用功能的口袋。这套服装给人一种耳目一新的感觉，一经面世就引起了追捧。这套裙子也成为香奈儿个人魅力和品牌的一种象征，香奈儿称其套装是“女性下午和晚上的新制服”。见图 3-10。

图 3-10　香奈儿套装

“我就是在恰当的地方，抓住了上天赐予我的机会……人们需要的就是简约、舒适、整洁，不经意间我提供了全部。”在可可·香奈儿那里，这个机会就是战争，奢侈的生活一夜之间被危机剥夺，实用简洁成了新的日常规则，这是香奈儿能给予的。

二、迪奥新风貌

1947 年 2 月 12 日，战后依然萧条的法国，蒙田大街三十号，这里正酝酿着一场即将震撼世界的“革命”。迪奥先生意在张扬女性美与优雅，举办了首场高级订制发布会。“我们刚从战争的阴影中走出来，摆脱了制服与强壮如拳击手的女性士兵形象。我描绘了如花朵一般的女性，肩部柔美、上身丰腴，腰肢纤细如藤蔓，裙裾宽大如花冠”，他在自传中回忆说。

Harper's Bazaar 总编卡梅尔·斯诺(Carmel Snow)惊呼：“亲爱的克里斯汀！这就是一种新风貌！”“New Look”诞生了。Dior 的“新风貌”在一夜之间成为时尚神话，令当时尚处在战争中刚学会用缝纫机的普通妇女们，都渴望展现这种“新风貌”。迪奥先生日后称其为，“回归文明世界幸福的理想”。

这款被命名为“新风貌”的套装，重点在圆润细致的肩膊线条，丰满的胸线，精细的腰以及略为夸张的臀部；新风貌紧致的上身运用内藏紧身内衣，加上运用大量布料来营造的丰盈的下半身长裙；迪奥先生推翻了二三十年代的平坦时装线条，再重塑 19 世纪末期 Belle Epoque(美好年代)的时装线条。见图 3-11。

图 3-11　新风貌套装

新风貌需要运用大量布料，不是普通女性能负担得起；但它的出现引发出当下女性对这种奢侈和华丽的造型的渴求。毕竟经历了两次大战之后，沉闷及毫无女性味的制服般的衣着打扮令女性也按捺不住了。

“新风貌”的华丽造型——露肩的胸罩上衣，女性化的丰盈展裙，为当时的女性带来新希望、新冲击，但社会上一些道德卫士对此很有意见，认为在战后经济还是萧条的环境下，这些裙子是浪费且有坏影响的。一张照片上，两名妇女当街撕扯第三位妇女的“新风貌”服装，只因她们对面料长度感到震惊，难以容忍过于风骚的款式。这或许曲解了迪奥先生的本意——塑造“花样仕女，有着柔美的肩膀，上身风韵多姿，腰身如藤条般细腻，裙摆如花冠般丰硕”。见图 3-12。

图 3-12　女士们走上街头抗议

迪奥先生逝世后，Dior 历代的继任设计师都尝试在“新风貌”的基础上，创造另一个传奇。一代又一代的设计师将“新风貌”的精神延续，不断为女性创造了很多充满女性魅力的时装传奇。见图 3-13。

图 3-13　各大设计师借鉴的“新风貌”

三、开放的唐装

唐代是我国政治、经济高度发展，文化艺术繁荣昌盛的时代，是封建文化灿烂光辉的时代。唐统一了魏晋南北朝和隋的混乱分裂状态，建立了统一强盛的国家，对外贸易发达，生产力极大发展，较长时间国泰民安。尤其盛唐成为亚洲各民族经济文化交流中心的时期，更是我国文化史上最光辉的一页。这个时期吸收印度和伊朗文化，并融入我国文化之中，从壁画、石刻、雕刻、书、画、绢绣、陶俑及服饰之中，充分体现出来。

唐代国家统一，经济繁荣，形制更加开放，服饰愈益华丽。唐代女装的特点是裙、衫、帔的统一，在妇女中间，出现了袒胸露臂的形象。在永泰公主墓东壁壁画上，有一个梳高髻、露胸、肩披红帛，上着黄色窄袖短衫、下著绿色曳地长裙、腰垂红色腰带的唐代妇女形象，后人从而对“粉胸半掩疑暗雪”，“坐时衣带萦纤草，行即裙裾扫落梅”有了更形象的理解。见图 3-14。

图 3-14　永泰公主墓壁画

慢束罗裙半露胸，并不是什么人都能做的。在唐代，只有有身份的人才能穿开胸衫，永泰公主可以半裸胸，歌女可以半裸胸以取悦于统治阶级，而平民百姓家的女子是不许半裸胸的。当时，唐朝半露胸的裙装有点类似于现代西方的夜礼服，只是不准露出肩膀和后背。

唐代女服的领子，有圆领、方领、斜领、直领和鸡心领等。短襦长裙的特点是裙腰系得较高，一般都在腰部以上，有的甚至系在腋下，给人一种俏丽修长的感觉。

众所周知的是，唐代妇女崇尚以胖为美。唐代的妇女服饰，其形制虽然仍是汉隋谊辩的延续，但在吸收了各民族文化的精髓后，衣料质地考究，造型雍容华贵，装扮配饰富丽堂皇。宫廷中贵族妇女的衣着开放，袒胸、裸臂、披纱、斜领、大袖、长裙的着装是典型服饰。由于通西域，外族服饰文化对唐宫产生的影响，还反映在思想观念上的变化。我国妇女历来深受礼教的思想束缚，“三纲五常”“三从四德”，捆住了女子的手脚，封建枷锁桎梏着女性的身心，唐代一些具有反抗精神的女子为了挣脱封建桎梏，经常能见到头戴幕雾，身着男装袍裤的女子与男人同行的画面，充分说明唐代女性在思想观念上的变化。见图 3-15。

唐代服饰图案，改变了以往那种天赋神授的创作思想，用真实的花、草、鱼、虫进行写生，但传统的龙、凤图案并没有被排斥，这也是由受皇权神授的影响而

图 3-15　唐代女子服饰

决定的。这时服饰图案的设计趋向于表现自由、丰满、肥壮的艺术风格。

晚唐时期的服饰图案更为精巧美观。花鸟服饰图案、边饰图案、团花服饰图案在帛纱轻柔的服装上，真是花团锦簇，争妍斗盛。正如五代王建所说："罗衫叶叶绣重重，金凤银鹅各一丛，每翩舞时分两向，太平万岁字当中。"今天，我们看到的这些华贵优美的服饰图案，是画工们在敦煌石窟用艰苦的劳动为后人们保留下来的珍贵形象的资料。唐代服饰的发展是整体上的发展，这时服饰图案的设计趋于表现自由、丰满、华美、圆润，在鞋、帽、巾、玉佩、发型、化妆、首饰上的表现，都说明了这一特点。见图 3-16。

图 3-16　唐代服饰图案

四、保守的宋服

唐王朝灭亡，五代十国之乱后，宋王朝建立，统一的社会局面带来了宋朝经济的繁荣，“偃武修文”的基本国策，使程朱理学逐步居于统治地位，在这种思想的支配下，人们的美学观念也发生了变化，服饰开始崇尚简朴保守，重视沿袭传统，朴素和理性成为宋朝服饰的主要特征。

宋朝的服装一改唐朝服饰旷达华贵，恢弘大气的特点，服装造型封闭、拘谨、保守，简洁质朴，颜色严肃淡雅，色调趋于单一。追求质朴天然，不重纹饰，与传统的融合做得更好、更自然，既舒适得体，又显得典雅大方。

宋代妇女服饰比较复杂。这也是从古至今服装发展的共性。当时许多服饰别出心裁，花样百出，呈现百家争鸣的盛况，后来政府不得不下令规定。

妇女的服色都服从丈夫的服色，平常人家的妇女不准穿绫缣织的五色花衣。但当时人也没怎么遵守这个规定，时装兴盛的风气有增无减。当时还有偏好“奇服异装”到了采用外国服式的，后来皇帝诏令凡有穿契丹族衣服的人，都定为杀头之罪，可见当时时装的盛况空前。见图 3-17。

图 3-17　宋代女子服饰

宋代贵妇的便装却时兴瘦、细、长，与以前各个时期不太相同，衣着的配色也打破了唐代以红、紫、绿、青为主的惯例，多采用各种间色粉紫、黑紫、葱白、银灰、沉香色等。色调淡雅、文静，合理地运用了比较高级的中性灰色调，衣饰花纹也由比较规则的唐代图案改成了写生的折枝纹，显得更加生动、活泼、自然。

一般平民女子，尤其是劳动妇女或婢仆等，仍然穿窄袖衫襦。只是比晚唐、五代时的更瘦更长，颜色以白色为主，其他也有浅绛、浅青等。裙裤也比较瘦短，颜色以青、白色为最普遍。

宋朝服饰虽然整体还是继承了晚唐的风格，但是一种复古的思想参杂其间，使宋代的服装比唐朝收敛很多，由于内心的封闭、拘谨、保守。同样服装又像是一面镜子折射出宋代的特点——古朴严肃，尤其是女装，身体被衣服上上下下严严实实地包裹起来，不多露一点肌肤在外。连颜色都是很暗淡的颜色，远远不及唐朝服装的色彩鲜亮。可以追求纯朴自然，充满理性，不带有任何修饰，成了宋朝服饰的时尚风格。宋朝服饰比较保守，穿着也较麻烦，宋朝的国策并不开放，经济也不如唐朝繁荣。但是宋朝的服饰也别有一种清秀的美。宋朝服饰虽然没有唐朝服饰的雍容华贵，但也算是亭亭玉立，别有一种小家碧玉的风味。这种服饰也许最能体现中国儒家思想，也是最适合中国老百姓的。

第三节　文化对服饰的影响

一、宗教文化

服装产生的最初目的，其中之一就是宗教的祭祀活动。所以，宗教与服装的密切关系是由来已久的。不管宗教所起的作用是约束还是引导，我们都能从各具风格的服饰中清晰地看到宗教遗留的痕迹。

(一)基督教对中世纪服装的影响

西方的基督教从产生到兴盛，都对西方文化与风俗产生过极大的影响作用，而西方的服装流行文化也不可避免地受到过基督教文化的深刻影响。基督教文化在西方服装发展流行史上占有举足轻重的地位。基督教中的色彩符号象征意义对服装色彩产生重要影响。我们知道在基督教教义中用牧羊人或者鱼象征耶稣，羊代表人民大众等。许多特定的色彩也被赋予了浓重的宗教色彩同时具有了特定的含义。例如在基督教中白色象征纯洁，蓝色象征神圣，还有象征基督之血和神之爱的红色等，这些都是在基督教符号象征意义影响下服装所需要遵循的色彩规律。

基督教教义中的禁欲主义思想对服装的结构形态产生了重要影响。众所周知，在基督教发展的过程中对于人的肉体的态度是分外鲜明的，认为人体是引诱与邪恶的罪魁祸首，想要解救并达成灵魂与神明的高度接近，必须摒弃华丽装饰，将肉体包裹于简朴与庄重之下。在这样的禁欲主义思想的影响下，当时服装的结构逐渐变得保守，身体被黑色紧紧包裹起来，黑色、包裹不露肌肤成为当时服装结构形态的重要关键词。

(二)宗教对藏族服饰的影响

宗教服饰作为藏族文化的组成部分，鲜明而直观地显示了其服饰文化的独特个性与民族特征。宗教对藏族习俗以及着装有着广泛而深远的影响，形成了自己独特的观念，随着宗教的中心、严格的僧侣等级形式的形成，宗教文化以多种形式与手段渗透于服装中，鞋帽、色彩、款式以及图文符号赋予这些服饰不同的象征与内涵，不仅对西藏的经济和政治产生了重大的作用，而且广泛地影响了藏族社会生活的各个方面，影响了人们的思想和心灵，在其民族文化和民族心理上产生了厚厚的历史积淀，乃至形诸民族的风俗习惯和审美风尚。

宗教理念中，僧人服饰的穿着次序、内容与场合是程式化的。正规场合下，僧侣服饰为"袈裟"；日常生活中穿着的衣襟和前身连缀的无袖僧袍为"古秀"；在室外读经、讲经和辩经时，都要身着背心、内外裙、袈裟、连裙长背心，戴僧帽，穿僧靴；在大型祈福活动的时候会盛装出行。百姓的穿着在宗教美学"物力效用"倾向的影响下，也体现了程式化特征。在日常生活劳动中，完整的穿着除了藏袍、藏靴、藏帽、头饰、耳环、胸饰、腰饰外，护身符、腰钩、火镰、针包、刀具等也是必不可少的，迎接客人的时候，衣服则内穿白绸衬衫，且用其他绸料滚领边衣襟镶花边，外罩大领氆氇衫，用料除氆氇外，也用呢绒、团花绸缎等，腰带则用三丈长的红、绿、黄等颜色的绸子。见图 3-18。

图 3-18　藏族僧人的服饰

藏族人对于颜色赋予不同的意义和情感，其中最常用和受尊崇的主要有白、蓝、黄、红、绿。这五色是藏族原始宗教苯教中代表五种本源的象征色，后来被佛教所借用：蓝色象征天空，静穆、深远；白色象征云絮，洁净、清纯；黄色象征土地，富有生气与活力，有光明和希望、富贵和丰收的寓意，还代表着佛祖的旨意和弘法恩典，至为崇高神圣；红色象征火焰，充满热情和勇敢的力量，在藏地提到红色自然会想到袈裟，信徒们把红色作为所有颜色中价值最低廉和最不起眼的颜色，表示他们的超俗、不求外表、但求精神境界的完美愿望；绿色象征江水，意味着生命和富有，在藏民族中具有一种"平民色彩"，它更接近大众、生活、广大农牧区和自然。这五色与青藏高原的纯净和神秘形成鲜明的对比。除此之外的黑色在藏族人民的生活中是一种概念非常复杂的颜色。见图 3-19。

图 3-19 藏族服饰

二、中国传统文化

(一)中国京剧艺术对服装的影响

京剧脸谱对服装的影响。京剧脸谱对服装的影响表现在色彩和图案两个方面。第一,色彩。京剧脸谱通常色彩交杂,但是这种色彩的相容不会给人错乱不堪的感觉,这是受色彩搭配的影响所致。现代服装设计在运用色彩方面通过借鉴京剧脸谱的色彩搭配,能够产生一种色彩和谐的效果。第二,图案。在现代服装设计中,很多服装在绘制图案效果的时候都会选用京剧脸谱,将时尚与传统融为一体,以彰显民族之风。

京剧衣饰对服装的影响也表现在色彩、图案和剪裁三个方面。第一,色彩。京剧衣饰的色彩与京剧脸谱相较更为复杂,因此现代服装在设计时对京剧服装色彩搭配的借鉴更为明显。第二,图案。京剧衣饰上的绣花对现代民族风服装的设计有着深远影响,蝴蝶、梅花、牡丹、夕颜、龙凤甚至于衣襟和衣袖上的滚边图案均在现代服装设计中有所展现,赋予现代服装高贵典雅之风,尽显民族之姿。同时,京剧的头冠在现代新娘嫁冠的设计中也被有效运用。如借鉴于京剧中的头冠,衣服上的纹饰借鉴京剧服饰中的纹饰,通过刺绣之法,将国粹文化和现代时尚融为一体,让人耳目一新。

(二)中国画对服装的影响

中国画对服装的影响主要体现在图案方面。目前,在服装设计中借鉴的国画图案主要有龙凤、祥云、花卉和水墨画等。服装和图案纹饰不可分离,不同的图案赋予服饰的内涵不一，例如：国花牡丹在服装中的应用彰显大气雍容之风；碎花在服装中的应用则尽显小家碧玉般的温婉之美；龙凤在服装中的应用则尽显高贵磅礴之风。在国画图案的运用中，水墨画等艺术元素有了充分的用武之地，成为时尚潮流的引领者。

三、波普艺术

20世纪50年代，波普艺术在欧美国家逐渐兴起，其以丰富的视觉效果、刺激人们感官的特征迅速受到喜爱和关注，波普艺术也广泛用于服装设计、广告设计、居家装饰、城市规划等等领域。波普艺术主要是利用几何形象、排列组合以及色彩搭配等方式，组合和设计出具有眩晕和奇幻视觉效果的图案，因此将其运用到服装设计中，能够非常快地吸引人们的眼球和满足人们日益个性化的服装设计要求。

波普风格的服装概貌影响至今。波普艺术拓宽了艺术的概念，丰富了艺术的表现形式和表现手法，冲破了艺术与生活的界限，打破了50年代那种追求完美、简洁、高雅的设计。时至今日，波普艺术也以其独特的表现形式为服装设计师提供灵感，并影响到大众的日常着装打扮。现在的流行服饰与穿着，追求绝对的自由和十足的个性，各种风格迥异的设计、未来风格和民俗风格共存。近年来闪亮的漆皮材质在服装设计中的持续流行，满街的时尚个性T恤，都足以说明波普风的影响深度。

波普风格的代表性服装设计师：

(一)Yves Saint Laurent

Yves Saint Laurent是第一位波普风格的时装设计师。他的服装设计推翻了程式化的雅致的设计。其设计灵感常常来自于街头，他将通俗的文化成功地推广到高级时装上，吸引了新潮的年轻人。他的设计就是要使服装与大众的生活，与街头文化建立密切的关联。他的代表作“蒙德理安裙”，以抽象几何为特色，融合了荷兰风格派画家皮特·蒙德理安的作品《红、黄、蓝构图》的设计灵感。见图3-20。

(二)Andre Courreges

Andre Courreges是未来风格的代表。他的作品非常准确地迎合了20世纪60年代的需求，新颖面料的选择，有着明显的未来主义美学倾向，其设计的作品具有宇宙航行服装的特征，代表了“太空时代”的无性别着装，造成了一种前所未有的清纯而未来感的面貌。他于1965年首次推出的个人系列，以“白色的幻想”

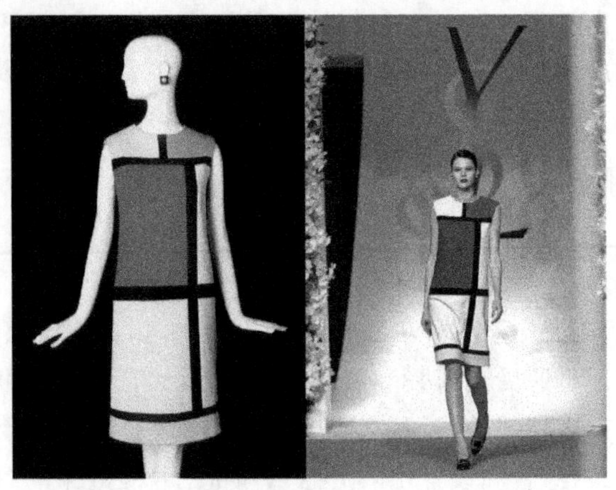

图 3-20　蒙德里安裙

为题，具有相当的建筑艺术美，极受当时青年人的喜爱。见图 3-21。

图 3-21　无性别着装

图 3-22　迷你裙

（三）Mary Quent

Mary Quent 是迷你超短裙的代表、顶尖级潮流设计师。她开创了服装史上裙下摆最短的时代。所设计的“迷你裙”席卷全世界，改变了整个世界时装的潮流，令男士为之疯狂。她所设计的“热裤”、裤装、低臀的宽腰带及彩色的长筒袜等令人眼花缭乱的反传统服饰，都成了 60 年代的象征。她是最具典型意义的 60 年代的时装设计师，开创了时装领域的新天地。见图 3-22。

第四节 科技对服饰的影响

一、3D 打印技术

3D 打印技术是一种由来已久的快速成型技术。近年来的飞速发展，得益于多个行业现实需求的增长和其技术的不断发展，按照设计进行个性化的生产，一次成型，节省原料。这些优势让 3D 打印在多个行业都成为受人瞩目的宠儿。尤其在科技界和艺术界，这两个圈子从来都热衷新的事物和技术，并将其作为自己发展的核心动力。

事实也正是如此，3D 打印技术已经被证明在服装服饰产品的原型设计方面存在极大发展前景。同时，可以实现服装设计中的特殊结构。已有多个设计品牌及设计师通过 3D 打印机完成了自己的服饰作品。比如 3D Systems 这个著名的 3D 打印设备公司于 2015 年 9 月推出了一款名为 Fabricate 的应用。该应用的主要功能是通过“夹层技术”，打印出不同材质和图形的服饰配饰，为服装增光添彩。服装制造业、媒体、设计师都对这一技术有着极高的期盼。

3D 技术率先在国外的服装设计师中被运用。Iris van Herpen 是目前世界上 3D 打印服装最出名的服装品牌之一，2007 年由著名荷兰新锐设计师创立。最为引人瞩目的当属“水花飞溅”的透明材质礼服，细腻复杂而立体的类似人体骨骼的服饰和“獠牙利齿”兽牙高跟鞋，这些充满艺术情调的作品让人惊喜连连。见图 3-23。

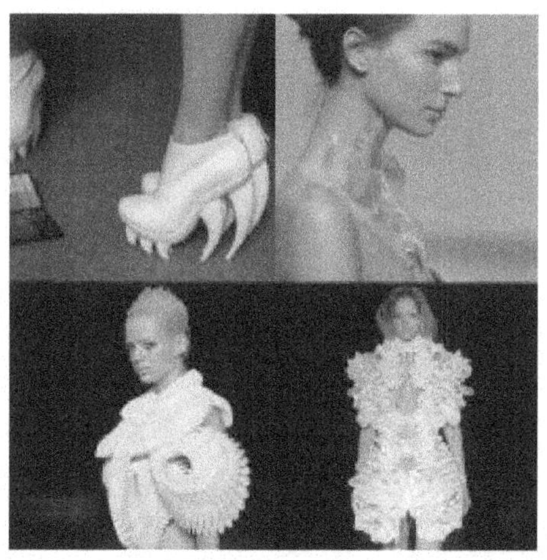

图 3-23 Iris van Herpen 的 3D 打印服饰

VANINA公司是黎巴嫩著名3D打印制造商，其2015年推出了由再生纸制造的珠宝系列，该系列名称为“概念珠宝(Conceptual Jewellery)”。设计师将树叶作为灵感来源，并从中提取了树叶的天然形状。他们先软件制作出虚拟叶子的数字模型基础，然后将胶黏剂和可再生纸等原材料放入机器，最终通过Mcor 3D打印机制作出来。见图3-24。

图3-24　3D打印的首饰

国内的服装设计师如今也能熟练地运用3D技术，在他们的设计中常常见到3D技术的身影，并将其设计作品推向世界。武汉纺织大学的黄李勇教师在2014年10月梅赛德斯奔驰中国国际时装周上发布了个人服装品牌(EXCHANGE YOUR MOOD)3D打印饰品，于2015年3月将3D打印的饰品在巴黎国际时装周上展出，推出了3D打印的系列饰品，受到消费者及业界人士的高度关注。见图3-25。

图3-25　EXCHANGE YOUR MOOD 3D打印服饰

二、镭射切割技术

近几年来激光切割技术一直广受大众追捧，特别是在时装行业里，时尚界中有不少知名设计师纷纷将激光切割技术增加到服装设计中来，他们或使用激光技术进行镂空，或进行激光切条、雕花等等，使得时装更加充满时髦感。利用这种技术，任何复杂图形都能雕刻。可以进行镂空雕刻和不穿透的雕刻，从而雕刻出深浅不一、质感不同、具有层次感和过渡颜色效果的各种神奇图案。凭借这些优势，激光雕刻迎合了国际服装加工的新潮流。

MASHAMA 设计师是一位非常擅长运用激光切割技术进行时装设计的大师级人物，她曾为国内外许多的明星设计过出场服装，曾经秋冬巴黎时装周系列以“冬日花园”为灵感，用夸张的廓形与相对简洁的造型语言，搭配宛如层叠积雪的皮草和激光切割的冰晶水晶。见图 3-26。

图 3-26　MASHAMA 激光切割技术的时装

运用到这个技术的品牌其实很多，尤其是运动类的设计，为了制造镂空透气效果特别喜欢用到它。Alexander Wang 同样使用过这种技术。图 3-27 衣服上的镂空其实都是 ALEXANDER WANG 的字样。

图 3-27　Alexander Wang 镂空效果时装

三、LED 技术

LED 技术显然已经不是一种新鲜的科技，大街小巷上装饰的霓虹灯，家里的节能灯，都运用到了这种技术。但是把 LED 运用于服装面料的理念却是一个全新的科学研究领域。在面料上布满导线，使面料能发出 LED 光，把服装营造出一种梦幻的效果。这是许多设计师愿意看到的结果。见图 3-28。

图 3-28　LED 技术时装

英国服装设计师侯赛因·卡拉扬被公认是此类服装的创始人，他曾两次荣获“年度最佳英国设计师”的美称。2008年，侯赛因·卡拉扬把它精致发光的二极管服装带到东京的T形台上。这种影像服装利用嵌入布料的1.5万个发光二极管所制造的一系列颜色和光，展示了延时拍摄的玫瑰花从开放到凋谢的图像，很好地演绎了照明技术与时尚设计的完美结合。2009年他在伦敦博物馆举办个人作品展示会，其中的一件作品是由水晶和LED制成的服装，可以产生艳丽的光影闪烁效果，还有两件带LED液晶显示屏的衣服，上面显示的是灵动的水底世界。卡拉扬认为，将LED科技融入时装是“创新的唯一途径”。飞利浦设计中心也曾利用LED发光技术设计出一种可随人的心情变化变换光的色彩的发光服装。

在2016年以未来为主题的Met Gala中，女明星Claire Danes一身卡拉扬的LED礼服裙征服全场，不过早在2009年，卡拉扬的LED裙装已经在英国的设计博物馆展出了。见图3-29。

图3-29　LED礼服裙

四、虚拟试衣技术

早在2005年，虚拟试衣间的概念浮出水面，当时仅仅是作为一种“超前的”高科技展望在国际科技论坛上被提及。此技术主要是通过结合虚拟现实（VR）和3D演算画面的方式让消费者可以在虚拟化环境下将“买前试穿”变成现实。为了在零售环节运用到它，不少专业领域的初创企业和资本高达数十亿美元的科技公司都砸下重金进行大量实验与尝试，但有关虚拟试衣间的商业前景虽然被看好，但是现有的整体技术并未达到广泛普及的程度。直到2010年，虚拟试衣间的创意才被媒体广泛报道，而 VR 技术爆发后，日本东芝公司在 2015 年初正式推出了虚拟试衣间的产品，这比阿里巴巴在 VR 购物领域的谋划还要早。

在奢侈品行业，品牌对于虚拟现实技术的态度非常微妙，一方面不少品牌都在慢慢革新技术层面的服务体验，目前已经有品牌开始采用 VR 技术来吸引消费者观秀或是进行虚拟逛店体验；但另一方面他们又不想让虚拟现实服务去改变消费者的购买方式，不少品牌始终在强调自身的个性化服务和实体店体验感。

优衣库的虚拟试衣镜用一种体感技术，装置在 60 英寸的显示器内，并用加装摄影镜头来感应人体位置，镜面旁边加装了触控荧幕，消费者除可以选择颜色外，还能够让镜子对你照相并发送邮件出去，让你的朋友们能够给点意见。英国品牌 Topshop 就曾经使用虚拟试衣镜，消费者只要轻轻一挥手，就可以看到衣服穿在身上的效果。见图 3-30。

图 3-30　优衣库的虚拟试衣镜

第四章
服饰之韵

第一节　社会和谐

人是社会的一分子，服饰穿着也属于一种社会行为，因此人的服饰穿着要符合社会和谐。

一、绿色低碳环保

哥本哈根世界气候大会的召开使由二氧化碳等温室气体排放造成的全球气候变暖问题成为全世界范围内关注的焦点，更是让“低碳”一词进入人们的视线。消费者不会再像过去一样认为“低碳环保”只与国家政府等部门有关系，是政府机构与企业该考虑的问题。事实上，低碳生活其实与我们每个人都息息相关，贯穿于我们生活起居的始终。我们应时刻注意生活细节，从自我做起，转变生活方式与消费理念，自觉选择低碳生活。比如，节约用水，随手关灯，不浪费纸张，多乘坐公共交通工具，减少一次性餐具和一次性塑料袋的使用，等等，这些都是显而易见的可以减少碳排放的日常行为。但是服装与碳排放之间的关系很多人就不是十分了解了。以致不少人都认为减排和衣服之间的联系并不大，但其实恰恰相反。

（一）服装为何需要低碳

买件衣服也会增加碳排放？听起来不可思议，可这就是现实。事实上，任何一件衣服，从它还是庄稼地里的棉花、亚麻开始，就会消耗无数资源。接着从纤维提取、染色、加工成布料到制作成衣，以及运输、洗涤、熨烫等一系列过程都会产生碳排放。以最常见的纯棉和化纤面料的服装计算，我们的衣柜一年因新添服装而排放的二氧化碳至少就有 1000 千克。按照每季只买两件 T 恤、两件衬衫、两件外套计算，不经任何染色印花处理，纯棉服装的碳排放量总计约为224千克，化纤服装的碳排放量约为1504千克，一旦你选择了有颜色和图案的服装，再加上皮革、羊毛等服装，我们衣柜里每年新添服装的碳排放量远不止1000千克。

根据英国剑桥大学制造研究所的研究，一件250克重的纯棉T恤在其“一生”中大约排放7千克二氧化碳，是其自身重量的28倍。这中间的碳排放数字是：棉花种植过程中排放的二氧化碳约为1000克；从棉花到成衣的制作环节会排放1500克；从棉田到工厂再到零售终端的整个运输过程碳排放的总量约为500克；T恤被买回家后经过多次洗涤、烘干、熨烫（以25次计），又会排放出2000克左右的二氧化碳，这还不包括T恤所产生的环境污染。而化纤材质的服装的碳排放量更高。根据环境资源管理公司的计算，一条约400克重的涤纶裤，假设它在中国台湾生产原料，在印度尼西亚制作成衣，运到英国销售。假设其使用寿命为两年，用50℃的水和洗衣机洗涤过92次，洗后用烘干机烘干，再平均花两分钟熨烫。它“一生”所消耗的能量大约是200千瓦时，相当于排放47千克二氧化碳，是其自身重量的117倍。可想而知，广大消费者选择低碳着装，不光是为了倡扬低碳经济，还是为了自己的健康，更是为了我们地球的生命。

（二）低碳着装很关键

一件小小的衣服居然能展现出如此惊人的数据，那么，究竟该如何在穿衣服上减少碳排放呢？下面介绍几个“低碳”着装的妙招。见图4-1。

1.选择环保面料

从专业上说，低碳服装必须包括生产上的环保、使用者环保和织物或服装使用后的处理问题。但相比较，棉、麻等自然材质还是比较环保的面料。专家提倡，尽量选择天然面料制成的服装，不穿化纤类的服装。

绿色环保材料通常具有四大特点：先进性、环境协调性、舒适性以及经济性。这要求环境友好材料既要具有优异的使用性能和减少能耗的特点，又必须从制造、使用、废弃到再生的整个生命周期中具有与生态环境的协调性，以及具备净化和修复环境的功能，给人以健康和舒适。

绿色环保面料也大致分为天然纤维、再生天然面料、仿生面料、环境友好高分子面料和智能面料等。天然纤维，包括竹纤维、有机棉、美利奴羊毛、亚麻以及大麻等；再生天然面料，包括莫代尔、天丝、甲壳素、香蕉纤维、菠萝叶纤维、再生羊毛、竹炭纤维等；仿生面料，则包括仿生荷叶面料、蜘蛛丝等；环境友好高分子面料，有再生涤纶、再生尼龙等；智能面料，有石墨烯面料、纳米面料等。如果按面料的配方设计划分，则包括性价比优良、耐久性、清洁生产性、低耗能、可回收再利用和可环境消纳性等环保面料。

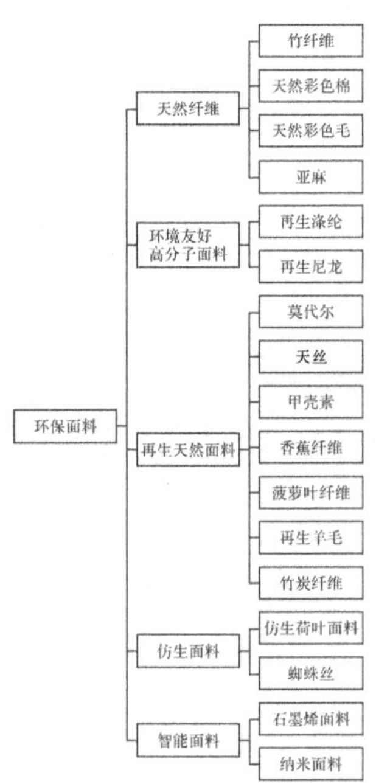

图 4-1　绿色环保面料分类

下面介绍几种特别的环保面料。

(1)仿生面料——蜘丝仿生面料

20 世纪以来,人类通过模仿生物纤维的吸湿性、透气性等服用性能研制了各种各样的新型仿生材料。近几年,在此背景下研究开发的蜘蛛丝仿生面料由于被一些品牌尝试应用于产品制造中而备受关注。例如,著名户外服装品牌北面(THE NORTH FACE)的月球 Parka 大衣就采用了由日本公司 Spiber 开发生产的蜘蛛丝仿生面料,这是人造蜘蛛丝材料首次投入商业化的服装生产。见图 4-2、4-3。

图 4-2　采用蛛丝仿生面料的 The North Face 月球 Parka 大衣

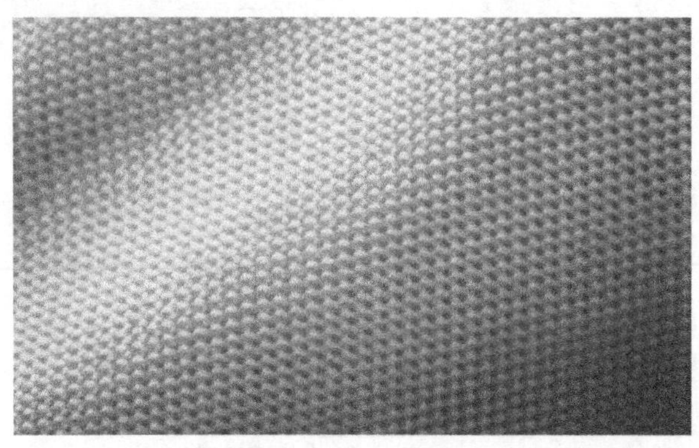

图 4-3　蛛丝仿生面料

Spiber公司董事长 Kazuhide Sekiyama，也是人造蜘蛛丝这项技术的发明者。他在大学时期的一次夏令营里，酒后和朋友惊叹于蜘蛛高超的产丝能力，从此立志研究蜘蛛。2007 年，Sekiyama 成立了 Spiber 公司。为了理解蜘蛛丝蛋白的基因序列，Spiber 的科研人员测试了不同品种的蜘蛛，积累了上百种蜘蛛基因合成的数据。公司将设计好的 DNA 插入细菌，用糖类培养它们，然后通过微生物生产丝蛋白，再纺成线。见图 4-4。

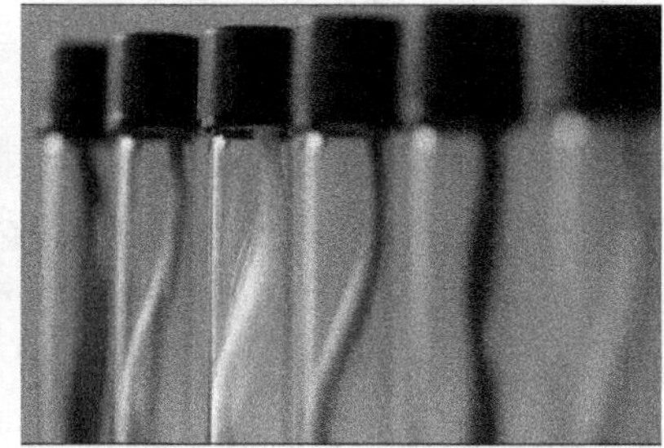

图 4-4　蜘蛛丝

蜘蛛丝是一种性能优越的蛋白纤维材料，比尼龙有弹性，同时比钢铁还坚固。和尼龙、聚酯纤维不同，蜘蛛丝的生产不依赖石油资源，在加工过程中也不会释放大量二氧化碳。与传统面料相比，利用这种蜘蛛丝蛋白质制造出的新型面料具有超轻量、高强度并可降解的绿色环保性能，因此也被称为“生物钢”。其具有十分广阔的应用前景和市场价值，或将成为石油化工产品的替代物。如果能人工生产具备这些特点的蜘蛛丝，对于环保也意义非凡。

那么，穿上蜘蛛丝仿生面料的消费者会不会觉得自己变成了蜘蛛侠呢？

(2)智能面料——石墨烯面料

采用高科技创新材料为服装产品创造性地融入了环保理念，并引领了市场需求的个性价值。现如今，计算机技术、数字化技术、航天技术以及生物工程技术为环保面料的研发提供了新的思路与契机，俨然成为开发现代环保材料的新手段。

在当代的产品设计中，源自实验室的科技方法已经屡见不鲜。例如，近年来日益受到重视的石墨烯材料则为智能化服装的实现提供了另外一种可能。石墨烯纺织品是指将石墨烯材料与普通纺织品有效结合，在保持纺织品各项基本性能的同时，具有石墨烯某一种或几种独特性质的纺织产品。石墨烯纺织品在导电、防辐射、防紫外、抗菌、特殊防护和智能织物等领域有巨大的应用前景，未来它将全新地改变我们的生活。见图 4-5。

图 4-5　石墨烯面料

①保暖

央视 2017 年春晚，哈尔滨分会场华美而宏大的 11 分钟表演惊艳全球。值得一提的是，哈尔滨分会场是春晚史上纬度最高、气温最低的会场。在接近零下 30 摄氏度的极寒中，演员们衣裙轻薄飘逸，经历连续几小时的候场、表演后，依旧舞姿曼妙舒展，真是令人诧异。晚会结束后，一款高科技防寒“装备”——专为本次春晚特制的石墨烯新材料保暖衣在网络上迅速蹿红，引来众多网民刷屏点赞。

“玖月奇迹”组合在彩排期间，已经在微博上晒出了哈尔滨分会场的高科技防寒“大招”——如丝袜般轻薄的肉色连体衣，腰部插入几块手机大小的充电宝，穿在演出服里，既保暖又美观。见图 4-6。

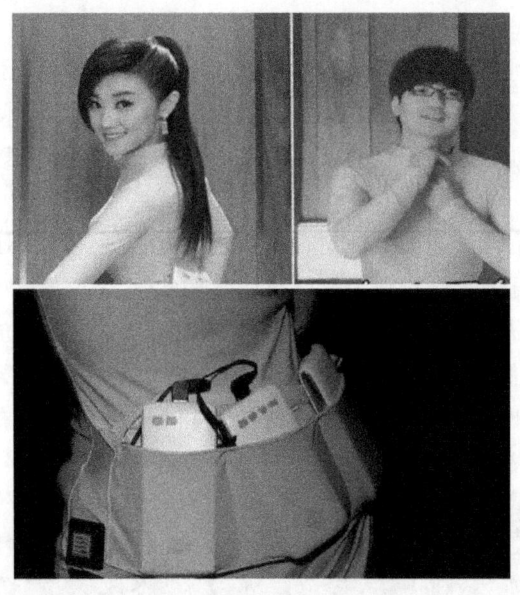

图 4-6　春晚演员穿着的石墨烯套装

②抗菌

为了使具有特殊抗菌性能的石墨烯与棉纤维有效结合，国内高校院所尝试先氧化石墨烯上的羧基、羟基、羰基和环氧基与棉纤维稳固结合，再通过还原得到稳固结合石墨烯的纯棉织物，从而有效避免棉织物在潮湿环境下滋生细菌，制备出高科技、高抗菌性的纯棉织物，拓展了石墨烯在纺织界的发展领域。见图 4-7。

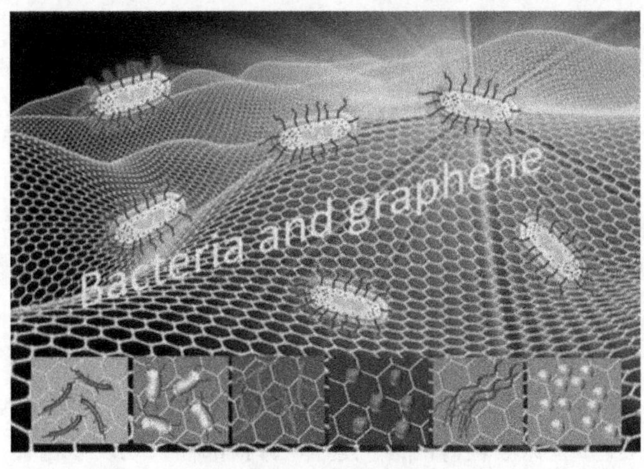

图 4-7　抗菌的石墨烯面料

③导电

石墨烯是目前电阻率最小的材料，将石墨烯与织物结合，可制备优异的抗静电、电磁屏蔽或者导电织物，可以应用于特殊行业，如将石墨烯与化纤共混纺丝，有可能制备出具有优异抗静电性能的采矿职业服面料。

④高科技

在不影响织物的舒适性、服用性能和洗涤的条件下，可将织物与微型芯片连接，制成穿戴式的智能电子服装。石墨烯用于纺织材料中，可以制成更柔软、微小的电子元件，应用于智能服装中富有弹性、更柔韧、功能稳定性好，这些纺织品在医疗保健、高性能运动服、可穿戴的显示器及军用服装设备等方面拥有潜在的应用前景。见图 4-8。

图 4-8　穿戴式的智能电子服装

包括艾希特大学和里斯本大学在内的多家研究机构的国际团队设计了一种新的石墨烯技术，把透明和柔性的石墨烯电极纤维应用在常见的纺织工业中。这种技术可以在未来应用于可佩戴电子设备，如服装计算机，穿戴电话和 MP3 播放器等，这类的产品将轻便和耐用。科学家们指出，其应用前景可以说是无穷无尽的，包括纺织类 GPS 系统、生物医学监测、人身安全或感觉障碍传感器，甚至通信工具等。

总而言之，石墨烯是一种研究性极强的多用途物质，可能给我们生活的方方面面带来革命，尤其是纺织行业。

(3)智能面料——活性生物皮(BioLogic 面料)

麻省理工学院媒体实验室团队设计研究了“活性生物皮”，又名 BioLogic 面料，此种面料在出汗和潮湿条件下会自行剥落。BioLogic 面料利用具有千年历史的日本纳豆益菌的天然属性使面料具有收缩或膨胀的功能。基于此种面料特性,麻省理工学院皇家艺术学院合作,打造出一系列名为“第二皮肤”的激光切割功能装。见图 4-9。

图 4-9 BioLogic 面料

(4)天然纤维面料——竹纤维

作为第五大天然纤维的竹纤维,有着超强的吸水性、透气性,以及天然抗菌、防螨虫和对抗紫外线等等一系列的环保性,从而成为新型时尚面料纤维。作为面料,竹纤维柔滑软暖,亲肤健康,有着超强的柔韧性,纹理密度小,纯色度良好;手感极其细腻,横纵向有不错的强度,弹性良好,垂性一流,对皮肤不刺激,特别是还有着丝绒感。竹纤维具有可自我分解的性能,对环境不造成任何伤害,是实实在在的纯天然环保纤维,对人体皮肤还起到保护作用。见图 4-10。

图 4-10 竹纤维的六大神奇功效

竹纤维的主要功用有以下几种:

①防菌作用

研究中发现竹纤维中富有一种特别的防菌性功能很强的元素——“竹琨”,它能有效地起到抗菌、防止滋生螨虫以及除臭的功能,同时竹纤维中的竹沥还可以阻止细菌的生长,叶绿素也可以很好地防止臭味的产生。

②护身健体的作用

古代医学书中就记载着竹子具有丰富的医用效果和一些特殊疗效，来自民间的传统秘方更是多种多样。竹纤维中富含对人体保健作用良好的氨基酸；还有其纤维中的果胶、纤维素等能滋养皮肤和舒缓疲劳，让人体的血液循环轻微加强，帮助细胞活跃，让人体获得温热状态；而且竹纤维不产生静电，具有一定的止痒功效。

③抗紫外线作用

竹纤维的紫外线穿透率为 0.6%，是棉纤维的 41.6 倍，比棉纤维更抗紫外线。

④吸湿排湿的作用

通常在 36℃，湿度较大的条件下，竹纤维的吸湿程度大于 45%，透气性能强于棉纤维 3.5 倍，被称赞为“会呼吸的纤维”。而用其制作的纺织品也被誉为“人的第二层皮肤”。

⑤舒适作用

服装的舒适功能主要有几个方面，耐热性能、纤维柔软性和纤维的伸缩性。竹纤维质地舒适，吸湿透气性能好，正好达到舒适功能的要求。

⑥美观作用

竹纤维密度小，纯色清晰，着色后光泽雅致，颜色鲜艳，色泽明亮，饱满挺直，垂感飘逸，弹性良好，拥有近乎完美的自然、高贵和清雅的质感。

⑦环保作用

健康环保产品要求一件产品从原材料开始，到加工制作，直至完成，这一系列的工序都环保；人们在使用它时，无害于身体健康；且其低能源消耗，资源使用率达到最大。见图 4-11。

图 4-11　竹纤维面料

(5)天然纤维面料——彩色棉

天然彩色棉是利用生物基因工程等现代科学技术培养出来的新型棉花，棉纤维在田间吐絮时就具有了各种天然色彩，其颜色是棉纤维中腔细胞在分化和发育过程中色素物质沉积的结果。彩色棉与白棉相比，彩色棉制品更有利于人体健康，且在纺织过程中减少印染工序，迎合了人类提出的“绿色革命”口号，减少了对环境的污染。它顺应了广大消费者不断追求保健、舒适、高档的消费时尚和要求，引起了世界上许多国家的高度重视。见图 4-12、4-13。

图 4-12　彩色棉面料

图 4-13　彩色棉花

彩色棉有很多优点：第一，舒适，亲和皮肤，对皮肤无刺激，符合环保及人体健康要求；第二，抗静电，由于棉纤的回潮率较高，因此不起静电，不起球；第三，透汗性好，吸附人体皮肤上的汗水和微汗，使体温迅速恢复正常，真正达到透气、吸汗效果。

经过调研，发现彩色棉的环保特性和天然色泽非常符合现代人生活的品味需求，由于它未经任何化学处理，某些纱线、面料品种上还保留有一些棉籽壳，体现其回归自然的感觉，因而产品开发充分利用了这些特点，做到色泽柔和、自然、典雅，风格上以休闲为主，再渗透当季的流行趋势。服饰品形象体现庄重大方又不失轻松自然，家纺类形象体现温馨舒适而又给人以反璞归真的感受。彩棉服装除棕、绿色外，现在正在逐步开发蓝、紫、灰红、褐等色彩的服装品种。

彩棉服装颜色不是那么鲜亮，因为棉花纤维表面有一层蜡质。普通白色棉花在印染和后整理过程中，使用各种化学物质消除了蜡质，加上染料的色泽鲜艳，视觉反差大，故而鲜亮。彩棉在加工过程中未使用化学物质处理，仍旧保留了天然纤维的特点，故而就产生一种朦朦胧胧的视觉效果，鲜亮度不及印染面料制作的服装。

2.尽量减少洗涤次数

TESTEX 瑞士纺织检定有限公司的认证工程师李先生表示，一件衣服 76% 的碳排放来自其使用过程中的洗涤、烘干、熨烫等环节。其洗涤过程不仅耗费大量的水和电，而且洗涤剂和干洗溶剂还会造成环境污染。所以减少洗涤次数也是一种环保行为。同时，根据珍·古道尔-根与芽(北京)环境教育项目机构建议，洗涤过程中要做到低碳，可以从机洗改为手洗。机洗过程中耗费的电力会导致碳排放，而机洗比手洗用水量大，自来水的生成、运送和污水处理也需要耗费能源，从而导致碳排放。同时，这家机构还建议，洗涤衣服不可避免，而烘干环节则可以避免。降低洗涤温度，改烘干为自然晾干，可以减少衣物熨烫，降低能耗。

3.提高服装的再利用率

珍·古道尔-根与芽(北京)环境教育项目机构给出的数据显示，如果每人每年少买一件衣服，按腈纶衣服的能耗标准，每吨衣服消耗 5 吨标准煤计算，则少买一件 0.5 千克的衣服能够减少 5.7 千克的二氧化碳排放。其实要做到环保，最好的办法就是“旧衣改造”，旧衣翻新不仅是一种环保行为，也逐渐成为一种时尚趋势。许多媒体，包括杂志、电视、网络等，都有关于旧衣翻新方法的详细介绍，一些大城市也出现了专门提供旧衣翻新服务的门店。不如现在就痛下决心，把你闲置在衣橱一角的衣服拿出来，来个彻底翻新。要知道环保也是一种时尚。

你可以将旧西装改头换面成设计别致的挎包，重新剪裁、印染的旧婚纱转眼间成了华丽的晚装，或者在有磨损的地方贴口袋，一直拖到地上的裤子改为七分靴裤，用稀释了的漂白剂来给深色裤子加上条状或者圆点状的水渍，将有破损的衣服设计出漏洞、磨花等元素。对于不能再改造的衣服，我们可以把它们改成一些生活用品。像带有钮扣的，我们可以把成套的钮扣和扣孔一并剪下，可用在被套、毛毯套、床垫等口袋的开口处，把扣子一面缝在口袋的内层，扣孔面缝在口袋套的外层。这样，清洗时拆装都很方便。最后就是物理加工，做成墩布、拖把、抱枕之类的产品。见图 4-14。

图 4-14　将旧衬衫改做抱枕

（三）品牌环保做文章

低碳环保是未来生产和消费的趋势，纺织服装行业也不例外。当前，世界许多知名服装企业和零售商开始承担相应的社会责任，进行低碳发展的有益探索，提出了绿色纺织、低碳服装或生态服装等概念，并在研发新产品、营销方向、经营方式等方面进行调整和改变。

聚焦国外，法国奢侈品集团 LVMH 在 2015 年成立了一个内部的碳排放基金，旨在减少 25%的碳排放，公司每排放一吨二氧化碳则向该基金捐款 15 欧元，该绿色项目用于建设更多绿色建筑，开发环保项目。而为了应对时尚消费者对品牌环保意识提出的更高要求，2018 年 LVMH 决定加大在低碳环保方面的投入，将公司内部的碳排放基金会为 LVMH 排放的每吨二氧化碳筹集的资金标准从原来的 15 欧元增加到 30 欧元。早在 2009 年，LVMH 就收购了一家环保服装公司股份，并积极推进节约资源的宣传，至于其旗下 LV 品牌在 2004 年就制作了一份“碳排放清单”，并削减了公司商务旅行和空运货物，减少碳排放量的影响。见图 4-15。

图 4-15　LVMH 塑造“绿色”形象

在 2007 年，Gucci 品牌的拥有者 PPR 集团就设立了社会和环境责任部门，以此来实现从减少碳排放到推动多样化发展的环保目标；服装品牌 GUESS 推出以有机棉制造的环保男女装牛仔裤，并以“GUESS GREEN”命名。该牛仔裤除了以有机棉为制造主料外，每条裤子的洗水过程也使用极少量的化学物质及简单的冲洗方式，且每条裤子的卷标也是百分百再造纸及大豆制的油墨印制，彻头彻尾符合环保原则。见图 4-16。

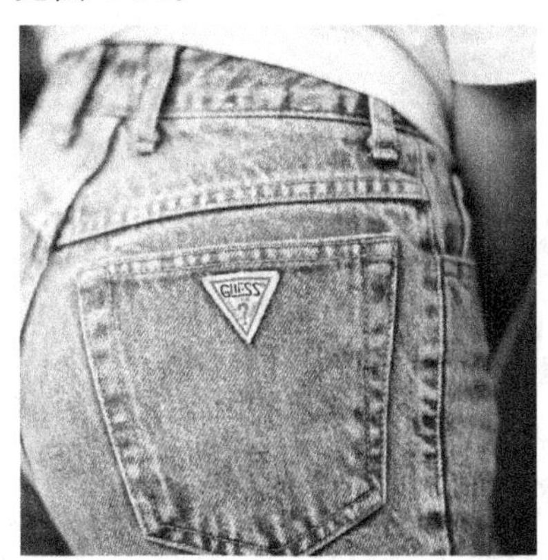

图 4-16　GUESS 环保牛仔裤

很长一段时间以来，皮草以御寒能力强、时尚奢华等优势在服装领域占据强势地位。然而，当时尚邂逅环保问题，皮草的境遇开始出现逆转。国际知名公益组织 PETA 曾请来国内外多位明星拍摄全裸公益广告，宣告：“我们宁可全裸也不愿穿皮草！”见图 4-17。

面对如此高调的“反皮草宣言”，时尚圈显然感觉到了压力，众多品牌的设计师开始采用人造皮草代替动物皮草。GIORGIO ARMAN 从 2016 年秋冬系列开始在旗下所有子品牌内杜绝一切皮草的使用。Gucci 也于 2017 年宣布，从 2018 年的春夏系列开始也不再使用皮草，并正式加入国际零皮草联盟。除上述

图4-17　国内明星伊能静为peta拍公益广告呼吁拒绝皮草

两个品牌外，近年来已有数百个时尚品牌宣布弃用皮草，包括 Calvin Klein，Armani，Hugo Boss，Ralph Lauren，Stella McCartney，Tommy Hilfiger，Michael Kors，Jimmy Choo 等。这个决定显然是一个积极响应"环境友好"这一趋势的行为，将使更多的动物免于因人类的穿着需要而被杀害。见图 4-18。

图 4-18　人造皮草 环保时尚两不误

西班牙著名服装品牌 ZARA 于 2016 年秋冬推出了环保新系列——Join Life，该系列以有机棉、再生羊毛、再生亚麻和天丝棉等高度可持续材料制成，款式也比较简约、经典实穿。值得一提的是，该系列服装的制作过程均采用了节水技术与减排公益生产制造。此前，ZARA 与马德里欧洲设计学院合作，开发有关回收衣服与布料的时装制作，鼓励设计师使用环保或天然材料，鼓励可持续的时装设计等。此外，ZARA 已对一部分服装的制作使用有机棉，尤其在注重安全性的儿童服装上，在鞋子的生产过程中也不使用来自于石油和不可降解的材料。见图 4-19。

图 4-19　Join Life 系列

ZARA 品牌专用的纸箱采用了 100％可回收纸板生产，这么一来 ZARA 品牌每年可减少砍伐 21840 棵树，减少二氧化碳排放 1680 吨。目前 ZARA 有 56％的网上商店订单，都使用自行回收利用的再生纸箱，同时在官网也有开展纸箱的再创造活动，提高纸箱的可利用性。见图 4-20。

图 4-20　ZARA 环保纸箱与再创作活动

耐克公司赞助的所有国家队曾身穿完全由回收聚酯制作而成的球衣参加比赛，每件球衣最多使用了八个回收塑料瓶。这种工艺节省了原材料，并且与制造新聚酯相比最多可减少30%的能耗；有机棉交易协会的成员H&M推出的有机棉服装涵盖了从内衣到外套各个种类，成年男装、女装，青少年装，童装中均有有机棉产品的销售。H&M还在有机棉服装上悬挂了有机棉字样与商标，以示区分。同时，其他面料也开始登台亮相，如有机羊毛、复用羊毛及聚酯等。这些衣服会分门别类挂在H&M的各个专柜中，并贴有特殊的标签；著名的运动品牌L. L. Bean在2010年春夏系列就推出了采用回收咖啡渣制作的科技咖啡纱环保再生面料，通过环保方式将咖啡渣加入到排汗纤维中，结合使用极细的排汗纤维，使服装的排汗功能出众，正是由于这些咖啡渣的成分，服装还能起到阻挡紫外线直射的奇妙效果。

制造商ESQUEL的衬衫零售品牌PYE根据可持续发展策略提高其产品品质，通过改善设计和生产，为消费者提供更柔软的材质纹理和色彩选择。该品牌的Ecological系列与同类服装相比，化学物质、用水量和能源消耗分别减少85%、84%和17%。在品牌宣传上，一些零售商则通过极其简洁并富有创意的广告设计，让消费者更为深刻地认识和理解环保知识，如英国百货集团Selfridges在推出的"Project Ocean"系列广告中就直指英国过度捕捞问题，借以提高公众的可持续发展意识。见图4-21。

图4-21　Ecological系列衬衫图

国内很多的服装企业也表明了自己"低碳环保"的主张立场。创立于1996年的服装品牌"例外"，在品牌定位方面一直坚持自己独特的风格，即坚持天然质朴的材料，拒绝使用化纤。设计师一直坚持利用对环境无害、能循环再造的物料结合传统纺织、刺绣技术。强调的低物质感、自然元素，灰色、米色、白色，是“例外”的主导色，棉麻是它的主材料，这其实正是契合了人们现在一直倡导、未来将成为消费趋势的低碳、环保理念。这种绿色思想以及对传统的敬重获得时装界无限的赞赏，也获得了消费者的认可和喜爱。

1997 年创立的女装品牌 ICICLE 坚持在每个细节实现环保理念。不断寻找最环保的原材料，从面料、里料、辅料以至填充物，都力求保证环保品质，带给客人舒适健康的自然感受。ICICLE 在制造每一件产品以及使用过程中，尽量不破坏生态环境，99%以上的产品均采用纯天然材质，其中以棉、麻、丝、毛以及相互混纺的天然原料为主，而各种新型环保材料，诸如大豆、竹子、玉米、彩棉、有机棉等，也在 ICICLE 得到广泛应用。同时，ICICLE 潜心研究传统工艺再生，精心提取来自大自然的色彩，使用无毒、无化学品的绿色染料工艺，进一步减少对环境的负面影响。见图 4-22。

图 4-22 ICICLE 采用普洱茶进行染色加工

随着人们消费水平的提高，新衣更换速度日渐加快，大量被闲置的废旧衣服无法送人，最终只能丢弃。据统计，我国年产出废旧纺织品和衣物约 2600 万吨。数以万计的废旧衣物若被拉进填埋场或焚烧，对环境产生的不利影响将不可估量。但若经过处理变成二手穿用衣物或重新加工成原料循环利用，结果则会大不同。近年来，众多服装品牌纷纷启动旧衣物回收计划，希望通过这一方式降低时尚产业对环境的负面影响。见图 4-23。

在国内拉开旧衣物回收序幕的是日本服装品牌优衣库。2012 年春季，该品牌首次在上海启动“全商品回收再利用”活动，其回收的自有品牌旧衣物全部无

图 4-23 ICICLE 采用原色羊毛，省去染色环节

偿捐赠给上海市慈善基金会所属的上海慈善物资管理中心，用于上海市民政局组织的经常性社会捐助项目。2013 年，德国运动品牌彪马(Puma)也在北京、上海的门店开展旧衣物回收活动。被回收的旧衣物经过化学分解转化成聚酯原料，用于生产新的可循环产品。同年，在全球 48 个门店同时启动旧衣物回收计划的瑞典快时尚品牌 H&M，在中国上海淮海路门店打出了“不要让时尚被白白浪费”标语，呼吁旧衣物回收再利用，以保护环境。据 H&M 淮海路店长介绍，在近一个月的时间里，H&M 在上海回收了 1.05 吨闲置衣物。随后，其旧衣物回收计划又在中国的所有门店进行推广。

此外，中国本土的众多品牌也积极为环保发力，纷纷参与到旧衣物回收活动中。李宁公司正式推出 ECO CIRCLETM 环保服装系列“低碳装”，提出选用可循环利用材料(比如 ECO CIRCLE 面料)制成的产品，并传递一衣多搭、增加每件衣服的使用率等方式来降低服装碳排放量的理念和途径。李宁公司与日本帝人株式会社合作后，将旧服装回收上来，送进工厂，经化学分解后，这些服装将变成新的 ECO CIRCLE 面料。用此类面料制作的成衣会在标签上标出“衣年轮”标记，标记越多，代表它再生的次数越多。这一过程将使生态圈系统的能源消耗和二氧化碳排放量各降低大约 80%。所谓“衣年轮”是指服装的碳排放指数，用来衡定每件衣服的使用年限、生命周期内的碳排放总量，以及年均碳排放量。见图 4-24。

在 2014 年 6 月 14 日启动的“旧衣零抛弃——中国品牌服装企业旧衣物回收活动”中，波司登、棉衣工房、箭牌、雪莲、顺美、依文、诺丁山、凯文凯利、水孩儿、凯德晶品等品牌联合组建了旧衣物回收阵营，力求通过打通旧衣物循环利用

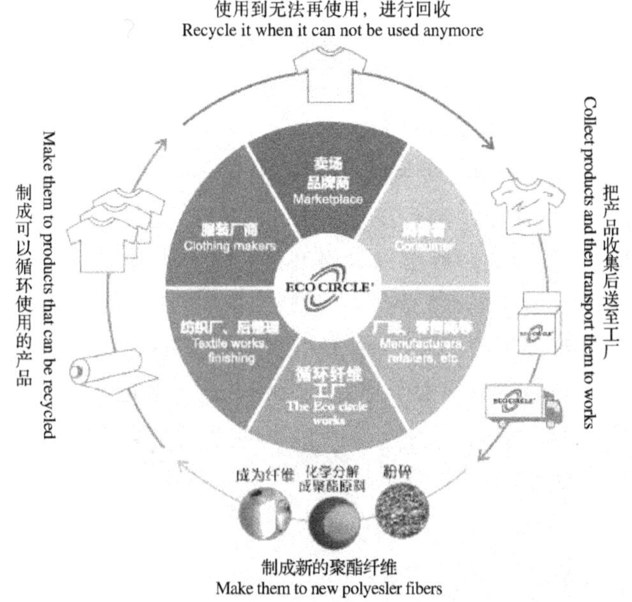

图 4-24　ECO CIRCLE

路径，实现生态环境的良性发展。记者了解到，中国是世界上纺织品最大的生产国和消费国，据中国资源综合利用协会统计，中国每年消耗的纺织原料占世界总量的 50%，年产出废旧纺织品和衣物约 2600 万吨，然而再利用率却不到 14%。有业内人士曾算了这样一笔账：如果这些废旧纺织品和衣物全部得到回收利用，那么每年可提供化学纤维 1200 万吨、天然纤维 600 万吨，相当于节约原油 2400 万吨，减少二氧化碳排放量 8000 万吨，减少耕地占用 2000 万亩，这些无疑对环境保护十分利好。

二、社会着装原则

“TPO 原则”作为国际公认的服装搭配原则，是人们社会着装的基础要求。T 代表的是时间“Time”，P 代表的是地点“Place”，O 代表的是场合“Occasion”（或目的“Object”）。它的含义，是要求人们在选择服装，考虑其具体款式时，首先应当兼顾时间、地点、场合（或目的），并应力求使自己的着装及其具体款式与着装的时间、地点、场合（或目的）协调一致。

（一）时间

时间从宏观角度上看，每一个时代都有其政治、思想、文化及生活方式的特定存在，这些都会给人类的服饰审美以深刻的影响。服装的时间原则和谐性要求选择服装时应注意时代特征，不要过分落伍或超前，以免与社会大多数人的衣着水平差距过大，这和我国儒学所推崇的“中庸”思想是一致的。人是社会性的动物，作为人类社会的个体，人们所穿着的服饰必须与所在时代的社会相匹配，这样才能保持人与社会的及人与人之间的协调关系。同时，服装是一种文化现象，代表着一定时期的社会文明程度。它并不只是单一存在的个体，而是同社会各个因素相互作用下而诞生的产物。

中国盛唐时期的着装风格格外自由开放。这一时期的人们汉着胡服、女着男装，充分体现了盛唐自由开放的着装思想。从半臂襦裙到袒领大袖，再到长裤胡服，款式大胆且富丽华美。诗人周濆在《逢邻女》中就写道“慢束罗裙半露胸”这样的诗句，以此来表述唐代女子穿着之大胆开放。见图 4-25。

图 4-25　唐周昉《簪花仕女图》

盛唐时期自由开放的着装思想源于当时社会的稳定、经济的富足、政治的开明、文化的多元以及中外关系的密切，此时期的唐朝社会整体呈现一种高度的自信。统治者政治政策的包容和开放使人们思想得到一定程度的解放，许多旧文化、旧观念、旧思想在开放的环境中遭到遗忘。与整体社会氛围相和谐的包容的思想催生了唐人新的审美理念，建立在新的理念基础上的审美思想空前开放。

然而大胆开放的装扮，在盛唐时期是普遍的流行，但在整个中国封建历史中都是独一无二的。中国封建时期的服饰发展史有着深深的伦理道德烙印，周礼束缚着一朝又一朝的人们，尤其是那些在社会中处于从属地位的女人们。在儒家思想的禁锢下，历代人谨守着“男尊女卑”“三从四德”“女性贞操”的儒家伦理，对女性穿衣有着严格的规定。例如，要用宽大厚重的衣服遮盖女性形体美，不准女性穿衣中有“性”特征的显露，甚至出门时要将面部遮蔽得严严实实。因此，在封建礼教的压迫下，中国封建史中的女性魅力被各种深衣、袍服与用来遮面的巾子掩盖得无影无踪。试问，若是在别的封建朝代借鉴唐朝开放大胆的着装风格会如何？想必是与整个社会不和谐，人人可能谓道“伤风败俗，有伤风化”。

再例如中国历史上的“文革”时期，服饰的审美内核被抽掉，服饰的审美化、个性化受“文革”极左思想的压抑，逐渐沦为纯粹的政治符号。当时服饰方面有许多条条框框：颜色不能鲜艳，式样不能新颖，用料不能讲究，加工不能精致，镶边、嵌线、滚条、切线、绣花等传统工艺统统被斥为“复旧”“复古”“复辟”。甚至服装领子也被定性，“翻领是外国的”，“立领是清朝的”。

“破四旧”运动中，长袍、马褂被视为封建主义生活方式的代表；西服、旗袍、男式花衬衣、高跟鞋等则被视为代表腐朽资产阶级生活方式；穿布拉吉、列宁装等苏式服装则被视为修正主义的典型。这一切通通都非无产阶级服饰，应当被批判，被“革命”。个人日常着装被提升到体现个人阶级立场、个人政治态度的高度，越是朴素没有任何装饰的服装，越能体现无产阶级的革命情怀，相反，稍微有些花色装饰的服装则被划入“封、资、修”的行列，受到严格批判。见图 4-26、4-27。

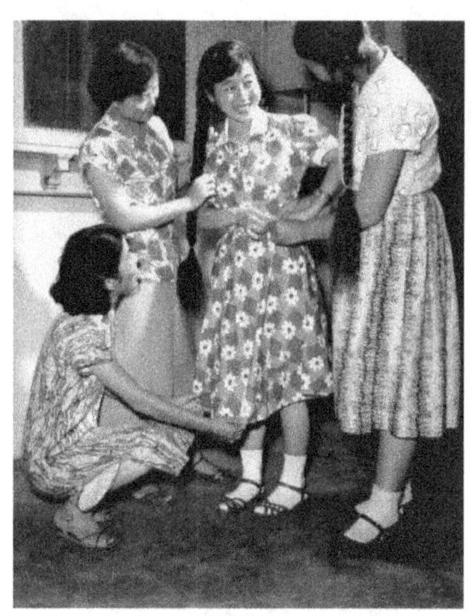

图 4-26　苏式服装——布拉吉

在政治运动的冲击下，一切“封、资、修”的服饰迅速从中华大地上消失，代表无产阶级革命立场的绿军装迅速在全国流行开来，穿军装被视为一种荣耀，一种地位，是革命进步的表现。只有具备纯正无产阶级思想，根正苗红的人才有资格穿，“黑五类”是不能穿的。所谓“祖国山河一片红，全国人民一片绿”正是指当时绿军装一统天下的局面。绿军装的样式是从中山装演化而来，它将中山装的明贴袋改成暗袋，其他部位基本保持一致。绿军装分两类，一类是真正的部队军服，领口有两面红旗式的领章，扣子是铜扣；另一类是军便服，没有铜扣和领章。

图 4-27　苏式服装——列宁装

“文革”时人们普遍穿的是军便服。除绿军装外这一时期基本服饰还有中山装、青年装、工装、衬衣及普通裤等，但大多造型呆板，没有花色装饰，色彩单调，性别趋于淡化。同样具有浓厚革命色彩的红色佩饰（毛主席像章、军挎包、语录袋、红袖章）也是这一时代的典型标志。见图 4-28。

图 4-28　绿军装

且不评判当时风潮的正确与否，在当时的时代背景下，服饰的美与个性全然让位于政治标识。“中华儿女多奇志，不爱红装爱武装。”人们纷纷购买军褂、军裤、军帽，是为了展示革命立场和情怀，以便把自己划入革命队伍之中。假如你坚持个人的审美品位，穿着被定性为“封、资、修”的服饰，会被视为“反革命分子”,会受到严厉的批判。因此个人的服饰穿着要与所在的社会与时代保持和谐。

英国服装史学家詹姆斯·拉弗曾经编制了一张表来解释这些现象:10 年前——庸俗;5 年前——不知羞耻;1 年前——大胆;现在——时髦;1 年后——过时;10 年后——丑陋;20 年后——可笑;30 年后——滑稽;50 年后——古怪;70 年后——迷人;100 年后——浪漫;150 年后——漂亮。由此可见,着装应在服饰时代潮流和节奏的水准上浮动,如果与时代所定义的服饰格调不和谐,人们就无法接受,所以不难想象,几年前还作为女性内衣并只能出现在闺房内的吊带衫,如今被公然穿着于大街上招摇过市,而且人们并不觉得好奇和诧异。若换一个时代环境,这种着装方式是不可思议的。

时间从小的方面来说,还关系到一个人从生到死,一年四季变化与一天中的晨昏更迭时服饰的选择,具有季节性、日夜性与年龄性。

比如,冬天要穿保暖、御寒的冬装,夏天要穿通气、吸汗、凉爽的夏装。假如你夏穿冬装,冬着夏装,除了别人会用异样的眼神看你之外,你的身体必然是不舒适的。

白天穿的衣服需要面对他人,应当合身、严谨;晚上穿的衣服不为外人所见,可以宽大、随意。在西方,按举行各种仪式的时间不同,有晨礼服、昼礼服、午服、鸡尾酒服和晚礼服等之分。每一时刻就该有相应的服装形式,不能混用。

年龄也应该在服饰选择时考虑的范围内。如今,小孩子穿着成人化是趋势,但是也不能太过,假如让一个小孩穿着深沉稳重的中老年服装,显然是不合适的。中老年群体的确可以穿得年轻一点减龄,但是让他们穿上年龄感差距过大的衣服,比如背带裤、背带裙等,我想这样的做法怕是有点弄巧成拙,另外他们本人也是难以接受的。

(二)地点

“TPO 原则”中的地点原则指供人类活动的场所,大到不同的国家,不同的城市,小到不同的街道或不同的屋檐下,总之,要结合所在地点的整体氛围环境来进行具体的着装。现代人为了追求舒适,回家便会换上居家拖鞋,出门便会再换上合适的皮鞋、运动鞋等,如果外出时也穿着拖鞋就会给人失礼、邋遢的印象。芭蕾服、比基尼装也是适宜出现在舞台与沙滩上而不宜穿在大街上。

(三)场合

除了时间和地点,着装还需要根据场合的需要。着装是否得体,与场合密切相关。服饰要根据场合来挑选,与交往对象、目的相适应,才能做到有利于社会活动的顺利进行。如演员在舞台上的演出着装可以艳丽华贵一些,甚至可以性感一些,不仅要充分展现外在美的魅力,还可以展示一部分人体美的特色;可在工作场合,特别是作为为人师表的教师,需要把学生的注意力引向自己的授课内容,让学生的思想保持高度集中,这就要求教师适当讲究仪表,服装款式庄重大方,色调以中性为宜。如果一位女教师,像演员演出一样,打扮得过于花枝招展、新奇怪异,势必引起学生的各种联想与骚动,难以完成课堂的课时计划,影响学生学习;款式多变的比基尼在游泳池、海滩显得很美,它能展示出着装者的健美身体和自信的精神风采,但若出现在商场、广场或其他公共场所,就不甚和谐,容易引起非议;医生穿白大褂出现在医院,会赢得病人的好感和尊敬,但幼儿园的老师着白大褂出现在小朋友面前,则会引起他们的紧张和反感。因此,人们对于服装的选择更要注意与自己从事的活动以及周围的社会环境保持和谐。

在这里需要强调的是,场合和地点虽然在很多时候可以融为一体,但是却是两种截然不同的概念。在同一地点可以有不同的场合,同一场合又可以出现在很多地点,但是场合必须由一定的地点作为支撑,以商场来说,有供顾客购物的专柜、商店、超市,也有供商场后勤人员办公的场所,但是购物和办公场所是完全不同的两种场合。按照社会关系来划分,场合基本上可被划分为三类——工作场合、社交场合与休闲场合。

处于工作场合时,个人的着装必须要顺应工作要求,穿出职业化的特点。当代社会是一个职业高度细分的社会,几乎每一行业都可见到职业制服,职业制服成为人们工作状态的最好表达。例如我国现行的军装展现了威武、庄严、俊朗的现代军人形象;大法官的制服则在庄严宁静的氛围下体现法律的尊严和公正。良好的着装形象提升了人民对这类职业的景仰和尊重,有利于树立职业威信和尊严。除了行政、司法等执法行业,现在越来越多的行业、企业开始重视统一着装,这是一项很有积极意义的举措,这不仅给了着装者一分自豪,同时又多了一分自觉和约束,成为行业、企业的标志和象征。从一个企业的着装,便能感受该企业的文化和精神面貌。

在社交场合,得体的服饰是一种礼貌,一定程度上直接影响着人际关系的和谐。这时的着装应富于时尚气息,充满个性魅力。最好是穿着时装或礼服,一定要裁剪合体、工艺考究,充分展现个人风姿。1909 年一位英国贵妇对当时的英国皇后亚历山德拉有过这样一段描述:“服装美丽而令人眼花缭乱的、尊贵的皇后,在晚上穿上金色、银色的礼服,或者在白天穿上紫罗兰天鹅绒女装,她成功地使每一位贵妇都特意走过来,凝视着她的服装式样。她显得是这样亲切、和谐和苗条,尽管她已经 64 岁了。”这里,环境、场合、着装者的气质与服装融合得天衣无缝,得体大方的服装使着衣者显得美丽动人,进而博得人们的喝彩。

处于休闲场合时，穿着打扮应随意、轻便些，舒适自然即可，不需要西装革履。假如一位执法人员在休闲场合时仍然穿着制服，与人交往时则会给人一定的压迫感，显得拘谨而不适宜。家庭生活中，穿着休闲装、便装更益于与家人之间沟通感情，营造轻松、愉悦、温馨的氛围。但不能穿睡衣拖鞋到大街上去购物或散步，那是不雅和失礼的。

即使是同一式样的服装，在不同场合也有不同的穿着要求。如西装，根据国外的礼节，正式、半正式和非正式场合的西装着装要求是不同的。一般来说，正式场合，如宴会、招待会、正式会见、婚丧活动以及特定的晚间社会活动等；半正式场合，如一般性会见访问、较高级会议和白天举行的隆重活动等，都应穿套装，一般要求穿深色，以示严肃。特别是吊唁场合，宜穿黑色或深灰色套装，并用黑色或素色的领带，以示哀悼，鲜艳的色彩和华美的服饰品，一律忌用。所谓非正式场合，即指上街溜达、商场购物、访亲问友，以及出外旅游等，则可穿上下不配套的西服，较为随便，但上下装配色需要讲究，力求和谐，显示风度。在正式或半正式场合下，一般都必须打好领带，非正式场合，可以不打领带。另外，在任何场合穿西装时，最好穿皮鞋，这样才显得搭配合理。

美国前总统克林顿在出席各种正式与非正式场合时常以西装形象示人，值得一提的是他擅长在不同的场合用不同的领带与从事的社会活动与环境保持和谐。他的领带不仅数量众多，而且品种也多，其款式、色彩与图案更是多姿多彩，从而使他的衣着和面部表情，组成了一个比较和谐的整体，达到了政治家努力讨人好感的目的。当他参加儿童集会时，佩戴了一条大红配白的米奇老鼠领带，这样在小朋友中间，就会显得格外亲切；当他参加环保大会时，佩戴了一条蓝底金色的鲸鱼领带，与会议内容十分协调，以示自己一贯关注动物的生存环境；当他去法国访问时，面对比较自我的法国人，他会系上一根印有万国旗图案的领带，一方面表示天下是一家，另一方面则巧妙地打出全世界的国旗来，给历来总想突出自我的法国人一种暗示：法兰西要看到当今整个世界。有一位议员曾这样问克林顿："总统先生，你怎么有时会系小孩子涂鸦出来的图案领带？"他的回答是："能讨得下一代欢心的总统，肯定要比那种能吓坏小孩的总统要好得多！"克林顿在领带的搭配上，在图案的斟酌上，都有着明显的目标观念。也就是说，每亮出一款领带，都是在针对一定对象一定场合一定事件打出的一张名片，虽不一定是自己全方位的写照，但递出的一定是想让对方了解的一面，或有意营造出诱导对方置入其中的氛围。

《武德令》为建国之初唐高祖武德年间制定颁布的唐朝最早的法典。根据《旧唐书·舆服制》中对《武德令》关于服制的记载："唐制，天子衣服，有大裘冕、衮冕、鷩冕、毳冕、绣冕、玄冕、通天冠、武弁、黑介帻、白纱帽、平巾帻、白帢，凡十二等。"根据文献记载，唐朝天子服饰共12种，其中冕服六种。冕服为帝王参加重要仪式所穿着的正式礼服。每种冕服都有其特殊的穿着场合。根据文献记载，大裘冕为帝王祭天地时所穿；衮冕用于各种祭祀、祭庙、封官典礼、征战回乡、上朝等特殊重要场合时穿着；鷩冕则在有政事、迎接宾客和接见其他国家君主时穿着；毳冕为祭祀大海、山河时穿着；绣冕用于祭祀江山社稷时穿着；玄冕则用于在腊月祭祀百神、太阳和月亮时穿着，其冕服穿着场合规定十分严谨。这样的服装礼制在给我们展示当时人们生活方式的严谨与礼仪文化的同时，也说明了中国古人对于服装与场合的和谐也十分看重，侧面印证了服饰与场合和谐的必要性。

(四)Amy的假期

接下来要讲的故事是关于Amy的生活。主人公Amy是一个24岁的都市女性，她从事着白领工作，月收入在10000元左右。她热爱生活，性格开朗，外向，喜欢结交朋友。购物、看电影、唱歌是她的个人爱好。

这是一个美丽的早晨，Amy一如往常在床上醒来后，坐在梳妆台前开始梳妆打扮准备出门。这时的她身上还是穿着昨晚的性感小睡衣。见图4-29。

图4-29　正梳妆打扮的Amy

那么她出门是做什么呢？哦，原来是去购物。这时候的她穿着时尚并且舒适的服装走遍大街小巷，直到买到自己心仪的衣服。见图4-30。

图 4-30　购物的 Amy

随后，Amy 迫不及待地换上了刚刚购买的美丽小洋装，懒洋洋地坐在室外，看着美丽的风景，在一个温暖的午后，给自己休闲的一刻。见图 4-31。

图 4-31　休闲中的 Amy

之后，Amy 来到了西班牙，带着愉快的心情去了热闹的沙滩，享受阳光与大海的热情。这时候的她穿着性感的比基尼，并不吝啬向他人展示自己的美好身材。见图4-32。

图 4-32　海边的 Amy

晒完日光浴的 Amy 想起了远在澳洲的男友，于是她回到家换上了与男友的情侣装，打扮得美美的出门了，期待着与男友相聚。见图 4-33。

图 4-33　约会中的 Amy

到了澳洲后，Amy 发现男朋友是要带她去听音乐会。Amy 心想，糟了，我这身衣服好像不适合去这种正式场合呢。幸好时间还算宽裕，Amy 赶紧去换上了她美丽的小礼服。优美的音乐，醉人心弦，坐在台下的 Amy 陶醉在音乐世界里。

好幸福啊，让自己的身心放松一下，对，做个SPA吧！穿上舒适方便的浴袍让蒸汽还我一个美美的皮肤，让热水赶跑我的疲惫。之后，Amy又穿上了她的性感小睡衣进入了香甜的梦乡。见图4-34。

图4-34　一天结束的Amy

第二天清晨醒来，Amy打算来一次短途旅行。于是她背上了行李包，穿着轻便舒适的服装，带上一顶适用的帽子，去感受大自然的美好。见图4-35。

图4-35　短途旅行的Amy

短途旅行回来后，Amy收到了很久没见的朋友的聚餐邀约，于是Amy换上了宽松时尚的衣服前往赴约。见图4-36。

图 4-36　与好友聚会的 Amy

但此刻，正打算享用美食的 Amy 突然惊醒，咿，我不是正在跟好友聚餐吗，怎么现在穿着职业装在办公室上班呢？哦，原来这是个梦啊！见图 4-37。

图 4-37　在办公室的 Amy

三、宗教信仰与习俗禁忌

由于各个国家、各个民族宗教信仰、图腾的不同，对服装的图案、颜色、款式也产生了许多不同的禁忌与习惯。在与各民族和国家的人交往时要了解他们的禁忌与习惯。

（一）图案禁忌

例如西方一些国家，英国忌讳黑猫、孔雀、大象等动物，认为黑猫是不祥之物；孔雀是淫鸟、祸鸟，连孔雀开屏也被视为自我吹嘘；大象是蠢笨的象征；俄罗斯忌讳兔子和黑猫，认为兔子胆小无能，黑猫是不祥的动物；法国忌讳黑桃、仙鹤图案，认为黑桃图案不吉利、仙鹤图案是蠢汉和淫妇的代称；美国忌讳蝙蝠和黑色的猫这两种动物，因为他们认为蝙蝠是凶神恶煞的象征，黑色的猫会给人带来厄运；在埃及忌讳穿有星星、猪、狗、猫及熊猫图案的衣服，因为有悖于他们的习俗；澳大利亚忌讳兔子及其图案，他们认为，碰到兔子，可能会厄运降临。

龙和凤在中国，龙是图腾的形象，在图腾发展的进一步神圣化之后，形成了龙、凤等具有多种动物特征的综合性图腾形象。在我国古代传说中，龙是一种能兴云降雨神异的动物，因而，在我国龙凤指才能优异的人，龙虎比喻豪杰志士。“龙”在成语中也被广泛的使用，如“龙飞凤舞、藏龙卧虎”等。汉民族素以“龙的传人”自称，为“龙的子孙”自豪。我国的传说中，凤凰是一种神异的动物，与龙、龟、麒麟合称四灵。凤在中国还指优良女子，还有太平昌盛之意，旧时，凤也为圣德。“凤毛麟角”指珍贵而不可多得，用来比喻有圣德的人。见图 4-38。

图 4-38　中国龙凤寓意吉祥

在西方龙和凤完全不是这个意思，在西方，龙是罪恶和邪恶的代表，西方的凤，是再生复活的意思。在西方传说神话中，龙是一种巨大的蜥蜴，长着翅膀，身上有鳞，拖着一条长长的尾巴，能够从嘴中喷火。到了中世纪，龙演化为罪恶的象征，在英语中，龙所引起的联想与“龙”在中文中所引起的联想完全不同。要是对西方人表示赞美千万不可用龙凤等。见图 4-39。

图 4-39　西方龙是罪恶和邪恶的代表

亚洲一些国家的禁忌，日本忌讳用金色的猫、狐狸、獾作图案，他们认为这些动物是“晦气”“贪婪”和“狡诈”的化身；泰国忌讳以狗作为图案，认为狗是不洁不祥之物；新加坡忌讳乌龟图案，认为是不祥的动物；马来西亚的禁忌动物为猪、狗、乌龟。

再者，在信奉伊斯兰教的国家，忌讳用猪作图案，也忌讳用猪皮制品，我国的熊猫外形像猪，所以也在禁忌之列。

（二）色彩禁忌

欧美许多国家平时忌讳黑色，以黑色为丧礼的颜色。巴西人认为人死好比黄叶落下，所以忌讳棕黄色；埃塞俄比亚人当对死者表示深切哀悼时穿淡黄色服装，因此，出门做客时不能穿淡黄色的衣服；比利时人最忌蓝色，如遇不祥之事，都用蓝衣作为标志；泰国忌红色，认为红色是不吉利的颜色，因为写死人姓氏是用红色；埃及人的丧服是黄色的；印度视白色为不受欢迎的颜色；伊拉克讨厌蓝色，视蓝色为魔鬼，在日常生活中忌讳使用蓝色。在南美洲，不管气候怎样热，还是以穿深色服装为适宜；乌拉圭人忌青色，认为青色意味着黑暗的前夕；摩洛哥人一般不穿白衣，忌白色，以白色为贫困象征。西方人通常认为猫是可以带来好运气的小动物，尤其是黑色的猫。在美国却恰好相反，认为只有白色的猫才能带来好运气。匈牙利人也视黑猫为不祥之物，白色表示喜事；土耳其人在布置房间、客厅时，禁用茄花色，民间一向认为茄花色是凶兆；日本人忌绿色，认为绿色是不祥的颜色。

老挝大部分人信奉佛教，他们认为佛教是无比圣洁的，而白色又被佬族人认为是神圣与纯洁的颜色，所以按照佬族古代流传的传统习俗，在进庙礼佛、祈福布施这样的佛事活动时，需穿着白色上衣，围披肩，忌着其他颜色。但这条禁忌规定到了现代已经不再严格，穿其他颜色的衣服进行佛事活动也已经是很平常的现象了。另外，老挝人非常重视丧礼，丧礼上需穿着的服饰也有禁忌，对于死者的亲属来说，需穿白色，忌穿其他颜色。老挝人认为，只有严格按照要求穿着白色服饰的亲属才会被视作“真正的亲属”。对于参加丧礼的非亲属，可以穿白色以外的颜色，但忌着黑色。在别的一些场合，也会有其他颜色禁忌。比如，有人盖新居时，也禁忌有人头戴花朵穿红色衣服到盖房人家拜访。认为如果有这样的情况发生，屋主家会遭遇火灾，这对于盖新居的人来说，是十分忌讳的。

我国维吾尔族人历来崇尚某些颜色，喜欢那颜色的一切物品，同时将部分颜色视为凶色，忌讳使用那些颜色的服饰。另外人们还非常重视从颜色中表现出来的性别属性，在男女服饰上也形成了一些禁忌。在维吾尔族人的传统观点中，白色是幸福、善意、纯洁的象征；蓝色是吉利、福气和神性的象征；红色是胜利、幸福和快乐的象征；黄色是丰收、财富和高贵的象征；绿色是生命、和平和丰饶的象征。而黑色和其他冷色均被视为凶色，在许多场合里禁用。但是在民俗信仰中颜色的象征意义不是固定的，它们按照不同的环境场合和不同的性别、身份、人格而具有相对灵活的象征意义。这在服饰颜色方面的忌俗上表现得更为突出。

由于传统审美观点和宗教信仰，维吾尔族男女服饰在颜色上形成了比较固定的差别。如男子非常忌讳穿红色的、深黄色的、深绿色的衣服，并忌讳穿有大而明显图案的衣服。传统社会里男子习惯于穿黑色、蓝色或其他冷色、淡色的衣服。男子在服饰上有意或无意地妆扮妇女的装束会受到社会舆论的遗责。部分妇人中有忌讳穿黄色衣着的习俗。据说穿黄色衣服，人的心里就充满忧愁。又有一种说法认为，穿黄色衣服不符合圣女法蒂玛的告诫，因为黄色衣服使女人的魅力充分表现出来，民间有圣女法蒂玛的情敌通过穿黄色衣服来让她吃醋的传说，因此，女人通过忌穿黄色衣服来表达对圣女法蒂玛的尊崇，并且力求提防女人用黄色衣服来诱惑异性。

在不同的社会场合，维吾尔族人对服饰颜色的要求不同。一般参加丧葬、祭祀等严肃的场合时忌讳穿红、黄、绿等鲜艳颜色的服饰，也不穿黑色、白色和蓝黑等深颜色的礼服。这里禁忌所依靠的不是颜色崇尚，而是从颜色中表现出来的气氛以及民俗文化赋予它的吉凶意义。虽然在参加婚礼和各种娱乐活动时穿的衣服不受到太严格的限制，但是人们还是忌讳穿黑色、白色和深黄色的衣服去参加那些活动。服饰的颜色还与人的年龄有关。比如，给婴儿做衣服时可以随意取色，但是从他们的孩童期就开始注意用不同颜色的布料来制作衣服。无论是男人还是女人，到了老年期之后就忌讳穿鲜艳颜色的衣服，而穿冷色或深色布料制作的衣服。

（三）款式禁忌

不同的民族、地区与国家的人对服装的款式有不同的习俗和要求。哈萨克族要求衣服不能太过短小，上衣一般都要过膝，裤腿要达到脚面；禁止穿裤衩背心在室外活动和做客；忌袒露胸背的衣服；妇女外出时，要蒙上一块白色或棕色头巾。

伊斯兰教规定穆斯林不能穿戴有其他宗教标志性的服饰，也不能穿戴印有偶像的服饰，也是出于这个原因，穆斯林不会穿戴有人物或动物等活物图案的服饰，由此避免偶像崇拜的嫌疑。《古兰经》中写到，衣服最重要的是能够“遮盖阴部”，这里的“阴部”并非单纯指阴部，而是以阴部为象征的“羞体”，羞体是伊斯兰教特有的一个概念，男性的羞体为肚脐以下膝盖以上，而女性的羞体则相对较多，除了脸和手之外均为羞体。在伊斯兰教中，合格的服饰是将羞体完全遮盖住的服饰，教义中坚决反对暴露裸露等行为。也正是这样的规定，穆斯林在选择服饰时多选择宽松肥大，可以遮身蔽体的衣服，尤其是女性，更要遮盖自己的羞体，保护自我。另外，伊斯兰教禁止男女故意穿着异性的服装并模仿异性，在穆斯林的服饰中男女是有别的。

在节日或者参加正式社交活动时，信奉佛教的老挝佬族人对衣服的款式十分讲究。假如违反，会被视为没有教养，不懂社会礼仪，甚至被视为不爱民族不爱国家。男性正式场合服饰的款式禁忌不多，到现代，由于时代的变化，男性一般不再按照传统款式着装，一般衣着干净整洁即可。但在现代男性的整套穿着中，忌讳缺少披肩，假如一个人不披披肩进入寺庙或其他正式场合，会被视为没有教养。款式禁忌主要针对女性正式场合所着服装。女性在节日或正式的社交场合的标准着装为筒裙及披肩。对于作为佬族女子传统服饰的筒裙，在款式上有一些非常严格的禁忌。一般来说，筒裙必须由裙头、裙身、裙脚三个部分缝制而成，筒裙的三个部分缺一不可，尤其是正式场合所着筒裙，十分忌讳缺裙头或是缺裙脚；禁忌将筒裙侧面裁开看见大腿；也忌讳筒裙做得太窄，迈不开大步，影响日常行动；忌讳筒裙做得太短，短过膝盖；忌讳筒裙做得太长，盖住脚踝。忌讳布料选择过薄，以至于能看见肉体；忌讳裙头过高或过低，需与肚脐持平。旧时，倘若哪位女性穿着违反款式禁忌的筒裙，会被视作从事不道德职业，会影响该女子的择偶与婚姻。哪位男性迎娶犯忌的女子，也会遭到社会的耻笑。除了筒裙之外，与男子相同，正式场合的女性着装，同样忌讳缺少披肩。这些在妇女穿戴服饰上的普遍禁忌，一般都是从维护社会风尚的角度出发对妇女妇德方面所作出的规范，这些规范至今仍为佬族社会所遵从。见图 4-40。

图 4-40　在正式场合穿着筒裙和披肩的老挝女性

我国维吾尔族人穿衣服时始终强调它的长度和宽度，要求它要起遮盖身体各部位的作用，能遮盖身体的“羞体”部分被视为衣服款式最起码的标准。维吾尔族先民所信奉过的所有宗教中都要求衣服要充分掩盖身体，以免裸露已成为民族道德观中的重要品德标志之一。所以所有的维吾尔族妇女严禁穿轻薄、透明的衣服，或者穿那种只掩盖身体几个部位的衣服，特别严禁那种有意突出乳房、腰部、臂部等易惹性欲的紧身衣裤。男子也禁忌衣服款式短小或过紧，上衣一般要过膝，裤腿达到脚面，穿着短裤在户外活动是不被允许的。维吾尔族关于性别差别的服饰款式禁忌也很多，而且也很严格。维吾尔族人从小时候起就被要求穿符合自己性别的衣服。民间非常忌讳男人穿女式的衣服、女人穿男式的衣服。见图 4-41。

以上谈到的几种服饰的禁忌，随着时代的发展和宗教信仰转变会逐渐出现一定的变化。但是出访不同地区，交往不同的人时要多了解他人在意的禁忌与习俗，学会“入乡随俗”，才能够进行友好而顺利的社交。

图 4-41　维吾尔族的传统服饰

第二节　群体和谐

不同的文化背景下有不同的文化群体，各文化群体通过言行、外表来标榜群体的存在，那么服饰就标志着我们对于特定共同体的和谐从属关系。人们既通过身体性的风格和服饰将自己和别人区分开来，又以同样的策略对自己所属的文化群体表明文化或时尚身份上的归属。

服饰的流行就是人的个性的宣泄与发挥，当这样一种集体宣泄达到一定规模就形成了亚文化群体。有主文化的同时必然也有亚文化。亚文化群体既包括主文化的某些特征，又包括其他群体不具备的文化要素的生活方式。既然提到亚文化群体就要提及群体认同感。下面就介绍几个亚文化群体与其服饰。

一、嬉皮士

（一）嬉皮运动是嬉皮风格服饰产生的基础

"嬉皮(Hippie)"一词的由来有多种说法，现在社会公认的"嬉皮"的含义，主要用来形容西方国家20世纪60年代和70年代反抗习俗和当时政治的青年人。

20世纪60年代西方社会经历了剧烈的社会变革，民权运动、新左派运动、反战运动、黑人权利运动、女权运动等反文化运动给整个西方世界带来了激烈的动荡，到处都可以听到激烈的反叛声音。贫困、失业、种族歧视、吸毒、自杀等问题对主流价值观念与现行的社会制度造成巨大的冲击与转变。在这极端时代，固有的社会传统标准被反叛的力量撕成碎片正在逐步解体，使得整个西方社会处于风雨飘摇之中，引发了一场宏大的社会变革。

在这场社会变革中，美国作家诺曼·梅勒(Norman Mailer)在《白色黑人》一书中塑造的英雄人物"嬉皮斯特"成为反叛青年们的偶像，并且反叛青年们的行为也效仿"嬉皮斯特"的随性而为，不受世俗道德准则束缚的行为方式。他们试图逃避现实并在社会边缘重建一个世界，用"和平与爱"反抗人与社会的异化。对于那些没有经历过二战的美国年轻人来说，与父辈们不同的是不用经历任何艰辛就能轻松地过上丰裕的物质生活，物质生活的丰富并不能填满精神世界的空虚，许多青年追求比目前生活更美好的东西，这种理想主义思想也与当时主流社会中充斥的冷漠与战争危机的社会现实相反。

嬉皮青年反叛运动的产生有以下两个原因：第一，从资本主义社会阶层结构角度看，战后美国"婴儿潮"出生的一代到了 60 年代已长大成人，校园里的大学生人数成倍增长，青年学生已经形成了一个阶级，经济的缓慢增长导致了严重的社会危机，使得青年学生对社会现状从满怀希望到理想破灭，学生运动此起彼伏。美国对外发起的越南战争试图向青年们征兵激起了国内青年反战情绪的高涨，青年一代根本不愿意去越南战争充当炮灰，1964 年反越战从美国的大学校园发起，反越战游行一浪高过一浪，与此同时左翼学生运动也空前活跃。第二，从资本主义社会发展过程论的角度看，60 年代的嬉皮青年反叛运动是资本主义社会发展过程中的必然环节。20 世纪经济的快速发展，经济的繁荣与物质极大丰裕，早期资本主义崇尚节俭和艰苦奋斗的"宗教冲动力"消失殆尽，注重感官与心理满足的消费欲望逐步占据了上风。因此，战后的资本主义社会的经济高速发展，需要一场与之相适应的冲破传统社会观念束缚的文化变革，使得文化观念与经济基础的发展同步。在这场反文化运动中，特别是嬉皮青年以一种极端的形式释放着被传统社会道德规范与价值观念禁锢的压抑，试图建立起一种新的文化价值观念。

在这场嬉皮青年反战运动中，他们开始了不同于父辈的独立思考和反叛的尝试，出现了许多有别于主流设计的反叛设计。这些非主流的设计都表现出嬉皮青年们的反叛性与丰富的创造力。

最引人瞩目的是嬉皮士设计的这样一个场景：一对男女裸体躺在草地上，裸体外围鲜花组成圆形，"裸体"与"鲜花"共同组成了和平标志。在这一场景设计中，"裸体"指代美国嬉皮士所倡导的性解放。"鲜花"则象征爱与和平的嬉皮精神。嬉皮青年们又被称为"花的孩子"，他们不仅自己头发上带鲜花，也向路人们送鲜花。他们主张爱与和平的理想主义思想，反对美国主流社会中充斥的冷漠与随时可能爆发的战争危机。见图 4-42。

图 4-42 “鲜花”组成的和平标志

在黑夜广场上，一群嬉皮青年每人手里举着火把，用火光组成了和平标志，火光象征和平正义、反对战争的精神会永无休止地传递下去，整个场面十分壮观。见图 4-43。

图 4-43 火把组成的和平标志

嬉皮青年们还在海滩上捡起废旧的瓶子摆放成和平标志，表达了一种人与社会异化的反思。嬉皮青年们在海边成群列队组成的和平标志，类似与大地艺术的创造，震撼人心。见图 4-44、4-45。

图 4-44 废旧瓶子组成的和平标志

图 4-45 和平标志

这个充满爱与希望的和平标志被赋予了嬉皮士精神，后来成为嬉皮士文化的一种符号，很多品牌都会将这一元素融入设计，逐渐成为潮流文化中的养分。

韩国人气组合 BIG BANG 的队长权志龙（G-Dragon）走在潮流前端，作为影响力颇深的时尚标杆式人物的存在，他拥有鲜明的时尚态度。2016 年，他推出了个人品牌 PEACEMINUSONE，品牌每一件单品售价不低，凭借超高的影响力，很多单品刚一上架就被一抢而空。PEACEMINUSONE 意为和平（peace）乌托邦世界与缺失的（minus）现实世界找到交叉点（one）。其中，品牌的 LOGO 是和平标志的演化，并作为装饰大量应用到了品牌服饰品的设计中。见图 4-46。

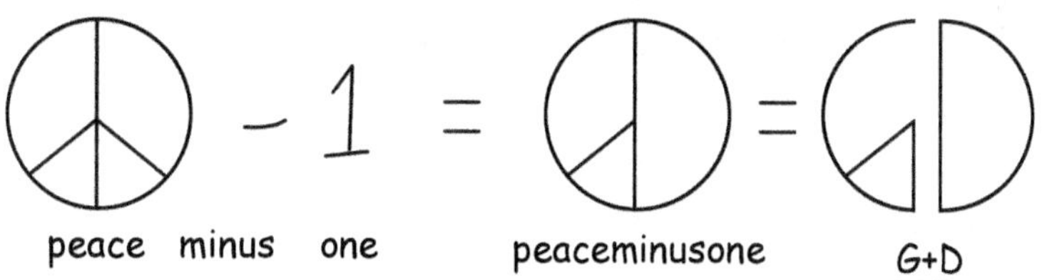

图 4-46 PEACEMINUSONE 品牌 LOGO 释义

2016 年日本潮流时装设计师藤原浩与日本潮流品牌 UNDERCOVER 及 WTAPS 三方为英国知名的饰品制造商 BUNNEY “The Badge”展览设计了限定 T-shirt，衣服上也运用了具有嬉皮士精神的和平标志。见图 4-47、4-48、4-49。

图 4-47　PEACEMINUSONE 品牌服装有很多和平标志装饰

图 4-48　PEACEMINUSONE 品牌服饰有很多和平标志装饰

图 4-49　The Badge 限定 T 恤

作为美国街头精神文化象征的品牌匡威(Converse)也推出了有和平标志的Converse Chuck Taylor All Star 70 "Peace"系列。见图 4-50。

图 4-50　Converse Chuck Taylor All Star 70 "Peace"系列

来自于美国洛杉矶的街头服饰品牌 X-Large 也曾推出过融入和平标志的系列。见图 4-51。

图 4-51　X-Large 品牌服装

(二)嬉皮风格服饰的特点

从某种意义上说,代际冲突释放了青年一代的创造力,新潮的装扮也往往在青年人中间产生,20 世纪 60 年代的美国嬉皮青年的装扮颇为时髦,无论男女留着披肩长发,头上缠着发带,穿着自己设计的新潮服装。嬉皮的穿着常常被形容是"反流行"的,他们常常用人丢弃的碎布拼接成补丁服,鲜艳的首饰和过时旧服装、历史悠久的少数民族服装,所有这些元素混合、修饰和重新组合在一起,构成了一个变化多样的个人风格。这在当时美国光洁整齐的服装形象中显得尤为另类,体现出了嬉皮士反叛父辈们循规蹈矩的生活样式,追求自我个性表达的特性。见图 4-52。

图 4-52 嬉皮士群体

1.款式

(1)自由另类的设计造型。嬉皮风格服饰中，崇尚自然是其重要特点之一。因此，在这种“自然风”的吹拂下，宽松、自由无拘束的款式便是嬉皮风格服饰的造型特点之一。嬉皮士热爱和平，向往自由无拘束的生活方式。因此，纯棉 T 恤便成为既穿着透气、舒适，又能体现反叛气质的最好服饰。在嬉皮风格服饰中，T 恤的造型大多以圆领为主，并且宽松，适合人体自由度机能。如样子类似东方佛教长袍的宽大 T 恤等。为了追求极度自由，不少嬉皮士将 T 恤或牛仔裁减掉原有的造型面貌。如拆掉袖子，将领口剪成其他造型，或挖剪出破洞，或者拉出毛边，或用布片披挂在身上。

当时很多嬉皮青年将自己的长裤后面剪开一个大洞，被称为“露臀裤”。“露臀裤”设计产生于青年与父辈们的代际隔阂及两代人价值观的差异，当时的主流社会无法接受这些另类新潮的设计形式。见图 4-53、4-54。

图 4-53 露臀裤

图 4-54 穿露臀裤的香港影星谢霆锋

2010年陈奕迅的香港演唱会，香港影星谢霆锋穿着“露臀裤”引发公众热议。即使在今天谢霆锋穿着的“露臀裤”也只能获得部分青年群体的追捧，大多数人还是无法接受“露臀裤”这种大胆反叛的设计。

(2)多民族风格的混搭。除了自由、宽松的款式设计外，“民族风”的混搭也是嬉皮风格服饰的造型特点之一。“混搭”的概念在服饰上，是指一种时尚的搭配手法，通过多种不同类型、不同风格的样式进行重新搭配组合，创造出独特的造型效果。见图4-55。

图4-55　多民族风格混搭

嬉皮士将这种混搭手法用在他们所衷爱的民族风格服饰上，如波希米亚风格的披肩、阿富汗羊毛外套、印第安人的皮草等民族风格的服饰品与拉有毛边的牛仔或自己喜爱的T恤重新组合。例如，在充满个性的T恤外披一件具有北欧特色的丝绒外套，同时在做旧、水磨过的牛仔裤腰间系上一条波希米亚风格的流苏腰饰，脖子上还可同时配戴多件不同民族特色的项饰品。此外，鞋子、手袋也是必备的搭配单品，如西部风格浓郁的短靴和带有原始图腾图案的大挎包等。这些不同民族风格的搭配，打破了原有的单一的民族风格的原始造型，使服装整体在造型上显得生动、帅气而且别具一格，由此形成了一种新的街头时尚。见图4-56。

(3)古典艺术式样的再创造。古典艺术式样的再造，是后现代服饰美学中的一种主要的艺术形式，是将欧、亚、非洲等各地区传统经典的艺术式样，如文艺复兴时期，巴洛克风格，洛可可的新古典主义，浪漫主义；或亚洲的传统文明(如古巴比伦、古埃及、古印度)等等与现代的视觉元素进行不分年代的无序组合，形成折衷的戏剧性效果。在嬉皮风格服饰中，这种设计特点十分受到嬉皮士们的欢

图 4-56　民族风配饰

迎。他们将许多传统的服饰重新设计，改变原有的风貌。嬉皮士喜欢传统的纯手工制作的服饰品，因此，他们总是不断地寻找一些特别古老的手工服饰品，来进行重组改造。不少嬉皮士女孩就特别喜欢穿古典式花边衬裙、天鹅绒短裙、传统手工刺绣图案的丝绸披肩或古典的纯毛大衣。但在衣服的造型上，嬉皮女孩们总是会将这些很传统的款式夸张变形，并与风格迥异的时尚元素进行搭配，如将传统衬裙的长度缩短搭配长靴穿着；或将带有刺绣图案的服饰与充满现代感的 T 恤、挖洞的牛仔进行拼接缝合；或者将传统的苏格兰裙作为披肩套在身上同时搭配一条酷感十足的紧身漆皮长裤；或九分裤配一双帅气的马靴；等等，这些重构的造型演绎出了传统与现代的完美结合。见图 4-57。

图 4-57　古典式花边衬裙

(4)夸张怪异的设计特点。夸张怪异的设计是嬉皮风格服饰的又一特点。

嬉皮士们在对自由向往的同时，也反对现实社会现有的制度规范，对现实社会的失望导致超出现实的理想主义在嬉皮士心中萌生；此外，20 世纪 60 年代，是一个反时装的年代，各种服饰一反传统的服装规范，各种创新的时装设计层出不穷，迷你风和宇宙风等各种变幻多端的款式造型和色彩，成为主流的时尚风格。因此，在这些内在和外在因素的影响下，怪诞夸张的服饰设计特点应运而生，出现在反主流文化的嬉皮士着装中。这种夸张怪异的服饰风格将不同特点的材料、款式放在一起，形成对比，或是故意夸大服装的某个局部，给人一种怪异荒诞的视觉效果，见图 4-58。嬉皮士们通常爱将破旧的牛仔裤挖洞或与其他元素相拼接。

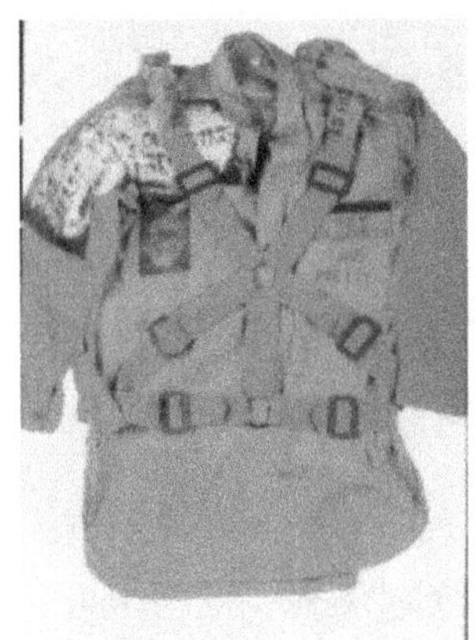

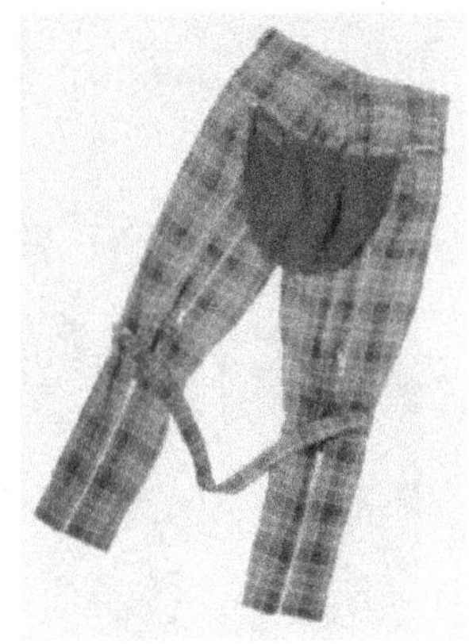

图 4-58　不同特点的材料、款式结合

2. 装饰

(1)丰富的装饰淡化性别特征。装饰元素在嬉皮风格服饰中的运用甚多。在嬉皮浪潮涌现的 20 世纪 60 年代，我们总能看到各种充满装饰元素的服装样式成为街头时装的流行风格。主要表现为两种倾向，一种是男装女性化。用女性化的蕾丝和花边刺绣为嬉皮风格的男装在硬朗的气质上增添几分柔情，如衬衣袖口的荷叶花边、领口的刺绣纹样等。这种装饰风格，可以在不少摇滚乐歌手身上找到代表。前朋克华丽摇滚乐队“New York Dolls”(纽约妞儿)的演出服饰充满妖娆的女性性色彩。见图 4-59。

此外，还有 70 年代风靡全美的重金属乐队空中铁匠 Aero Smith 的演出服饰，也属于这种装饰风格，主唱歌手史蒂夫·泰勒(Steve Tyler)的演出服充满了嬉皮风格，其在演出时就经常身着华丽的女性化特色浓郁的衣裙。见图 4-60。

另一种倾向是女装男性化。如男军服上胸前的贴袋常被运用于嬉皮女孩日常的衬衣或七分裤甚至连衣裙中；军服中的双排扣样式也被运用在嬉皮风格的外套中，如双排扣的皮夹克或风衣……这些军服元素用于女装，使女孩显得神采奕奕、外形帅气。女歌手派蒂·史密斯(Patti Smith)是女装男性化倾向的代表

图 4-59　摇滚乐队“New York Dolls”(纽约妞儿)

图 4-60　重金属乐队空中铁匠 Aero Smith

(如图 4-61)。

图 4-61　女装男性化的派蒂·史密斯

在嬉皮风格服饰中，牛仔和T恤无疑是使性别淡化的装饰趋向在嬉皮风格服饰中得到迅速发展的催化物。这两种服饰装饰淡化了性别的差异，做到人人皆可穿着，成为街头文化的最显著特点，并延续至今。因此，这两种装饰元素作为嬉皮的装饰特点之一，推动着街头时尚的不断发展。见图4-62。

图4-62　牛仔、T恤是嬉皮的装饰特点之一

(2)粗犷返朴的个性表现。嬉皮士提倡手工、原始，向往自然和平的田园生活。因此，这种精神的向往在嬉皮士的着装上深深体现出来。他们的着装通常采用原始的、质朴的、没有太多华丽矫饰的装饰特点，这些装饰特点需要通过各种工艺手法来做出效果。往往嬉皮士们会寻找一些纯天然的衣料服饰进行改造。这些装饰手法包括：衣服边缘的流苏、针脚的外露、无边的破洞、铆钉、金属等等。流苏是在衣服的边缘进行抽丝或撕拉出条状而形成穗子做装饰的效果，如一些印第安披肩上的流苏等。见图4-63。

图4-63　有流苏的印第安披肩

针脚外露的装饰手法则是衣服的针缝线在衣服表面作装饰线，体现一种粗放、质朴的装饰特点。破洞和衣服边缘无包边也是体现这种风格的装饰手法之一，通常嬉皮们喜欢自己改造衣物，将旧物再利用，重新加工，拼凑制成新的服装，使服装上留下大量未完成的痕迹。

另外，嬉皮们还喜欢用铆钉、金属做服装上的装饰品，如在皮外套或皮裤、牛仔裤上装饰铆钉图案，或配戴一些金属挂件等。嬉皮们这种粗犷狂野的气质特征在那些20世纪60年代的"哈雷"摩托车爱好者的着装上充分体现了出来。见图4-64。

图4-64 "哈雷"摩托车爱好者

"哈雷·戴维森"(Harley-Davidson)是美国著名的摩托车品牌，它诞生于1902年的美国，当时的美国正处于"全民齐上阵，打造摩托车"的热潮中。于是，在这种热潮下，哈雷便由戴维森兄弟和几个年青人在他们家后院的小木棚里创制出来。后来在两次大战期间都发挥了很大的作用。随着哈雷影响力的扩大，哈雷摩托车服饰最终成为崇尚个性解放、喜好挑战传统的美国年轻一代的首选行头。嬉皮士是哈雷的狂热爱好者，他们的服饰与哈雷车的个性相匹配。通常能够驾驭哈雷车的对象，必须以外形高大威猛、强悍有力者为宜，只有这样的彪形大汉骑上它，才能使哈雷车的狂野气质得到彻底的释放。一般来说，带铆钉的黑色皮衣、墨镜、络腮胡、牛仔靴、金属挂件、酒杯、钥匙扣等是哈雷车族的经典扮相(如图4-65)，这些服饰上的装饰将嬉皮风格粗犷狂野的"酷"感一一呈现出来。不仅如此，哈雷爱好者还会在自己身上文上Harley-Davidson的标志，并引以为豪。

(3)性感大胆的装饰元素。在嬉皮风格服饰中，性感前卫的设计元素总是不可缺少的一部分。嬉皮的自由与感性从这些服饰设计中体现，为了更好地达到夸张、性感的视觉效果，通常采用镂空、透明等各种装饰手法来进行设计。牛仔

图 4-65 “哈雷”摩托车爱好者的着装

是嬉皮服饰中最常用的面料，嬉皮士们创造出各种夸张的效果。人们对牛仔布的外观进行加工、改造，如抽丝、抽褶、压花等。同时，在女装上，嬉皮士们将雪纺、丝绸等轻盈透明的面料与牛仔或厚重的毛皮结合使用，产生强烈的对比装饰效果，这种装饰的手法深受那些年轻而大胆的嬉皮女孩的欢迎，体现出既性感又具有强烈民族特性的服饰效果(如图 4-66)。在她们的着装中，这种夸张大胆的装饰元素用的更是花样百出。如内衣外穿、不穿内衣或穿半透明服装或者用超低或超短及各种文身等做出各种性感叛逆的装饰效果。

总之，这种性感大胆的装饰效果在嬉皮风格服饰中占据重要的地位，并成为街头时装的最大特点之一，以至对时装界产生了一定的影响。

3. 色彩

在嬉皮风格服饰中，色彩风格可谓是多种多样，丰富多彩。鲜艳明丽则是其中最显著的色彩特点之一。这在嬉皮们的 T 恤上就能很好的体现出来，扎染效果的 T 恤在嬉皮士的着装中极为流行。此外，色彩鲜艳的印花 T 恤也在 20 世纪 60 年代的嬉皮风格服饰中广泛流行。嬉皮精神提倡和平与爱，嬉皮士们用色彩艳丽的鲜花做头饰，用明丽的颜色装饰身体，充分体现他们对理想中的和平、自然、到处充满甜蜜与爱的社会的精神追求。见图 4-67。

图 4-66　轻盈透明的面料与牛仔的结合

图 4-67　色彩鲜艳的扎染 T 恤

除了明丽鲜艳的颜色外，金属色也是嬉皮风格服饰色彩中的一大特点。金属色本身就属于前卫时尚的颜色，嬉皮士们通常采用这种金属色进行装饰，这种金属色最初在那些摇滚乐歌星中用得比较多，如：滚石歌手盖瑞·格里特(Gary Glitter)在舞台上演出经常穿闪亮的金属色来体现另类的感觉，证明闪亮的服饰也并不会减弱男子强悍的精神气概(见图 4-68)。嬉皮们以摇滚歌手为自己的偶像，从发型到服装上都进行效仿。明星效应在嬉皮士中流传，而这种金属色作为充满强烈个性与反叛的色彩最终成为嬉皮士的日常服饰颜色之一。

此外，由于苦于理想与现实的差距，嬉皮士们常借助吸食大麻、毒品产生幻觉满足精神世界的迷惘与空虚，因此嬉皮服饰中也常出现带有强烈迷幻色彩的黑白条纹或彩色条纹、波普圆点及各种抽象图案。嬉皮创作歌手大卫·鲍伊(David Bowie)在他的“锯齿星团”(Ziggy Stardust)的演出中(如图 4-69)，所穿

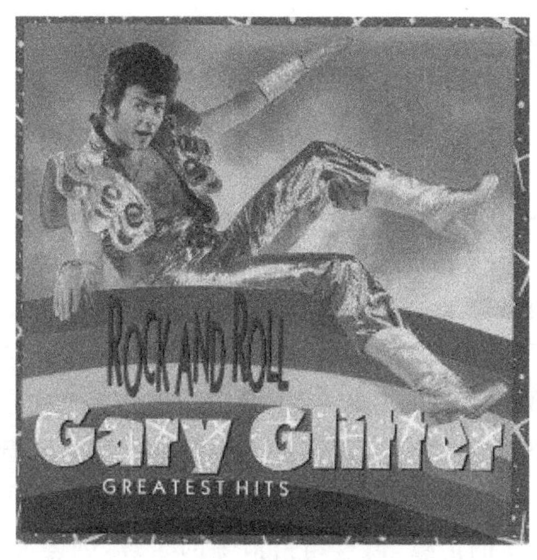

图 4-68　金属色的服装

着的演出服就是以类似迷宫图案的条纹为装饰纹样，十分另类而引人注目。

图 4-69　嬉皮创作歌手大卫·鲍伊

当然，嬉皮风格服饰的色彩并不仅仅只有以上这几种色彩特征，嬉皮士们总是根据自己的性格喜好来进行色彩的搭配，以传达嬉皮精神。总而言之，嬉皮风格服饰的色彩充满强烈的个性，不拘泥于色彩的理性搭配方式，是一种随性、自由、感性的色彩风格。

二、朋克族

(一)朋克的起源

朋克即"PUNK",诞生于20世纪70年代中期,最初是一个贬义词。与60年代嬉皮的口号"爱与和平"相反,朋克的口号是"性与暴力"。70年代,世界爆发经济危机,全球经济处于一片大萧条时期,大量工人随之失业。处于英国基层阶级的青少年产生了对现实社会的强烈不满,甚至绝望的情绪,他们愤恨地批判社会的所有方面,并通过一种野性的宣泄来表达他们的思想。

朋克最初是当时的英国青年表达对生活极端不满时的音乐创作,是当时兴起的一种简单摇滚乐的音乐风格。朋克的音乐家们通过简单悦耳的主旋律和三个和弦,表达人类简单的情感,通过粗俗清晰的语言,讲述人性的美与丑。他们喜爱大麻,也歌颂神;他们生活糜乱,却又呼喊着社会拯救那些无家可归的孩子;他们讨厌战争和暴力,却也无时无刻不在生活中用到武力;他们情绪低沉,却也充满着对未来生活的无限热爱与向往;他们颠覆着旧的靡费文化同时也创造着新的靡费。他们代表着人类内心的多重情感和矛盾,同时却也体现出人类发展的无限可能性。朋克音乐的精髓在于破坏,不注重讲究音乐的表达技巧和优美旋律,更加倾向于表达出思想解放和反主流的尖锐立场。因此这种极度的反叛思想就意味着是彻底的破坏与彻底的重建,这就是所谓真正的"PUNK精神",其中包涵三个必备条件:反流行、反权威和自娱自乐。

于是,朋克就成为叛逆、个性、自由的代名词,很快就更加倾向于思想解放和反主流的尖锐立场,它是一种精神,代表着自由和人权的一种人性的追求。

(二)朋克的发展

1.20世纪70年代的朋克

20世纪70年代嬉皮士风格逐渐退出历史舞台,随之朋克文化逐渐占据人们的眼球和日常生活(如图4-70)。年轻人喜欢突破正统的服饰,通过反叛的服装,在服饰上获得突破,来解决他们不容易满足的好奇心和欲望,情感得到疏导和宣泄。

朋克原先是属于音乐的范畴,与摇滚密切联系在一起,20世纪70年代的契机使之与大众相接触,嬉皮士文化得到了发展并延续下去。随意地穿着服装产生了刻意的冲击效应,用塑料垃圾袋或者故意撕裂的衣服,然后用安全针固定,染成鲜艳色彩的莫西干发型并用五颜六色的羽毛装饰顶尖,甚至日常用品都变成了装饰。大多数亚文化群体的青年都依靠着在二手服装市场找来的旧服装来

图 4-70　20 世纪 70 年代的朋克

创造新的风格，这些材料在服装的独特风格上标志着它和传统服装的不同。

2.20 世纪 80 年代的朋克

到了 20 世纪 80 年代，旧朋克风格形势逐渐低落，大多数朋克乐队随之解散，人们开始寻求新的延续和理念，新浪漫主义随之诞生。其中最出名的数“乔治男孩”，他 80 年代在英国乐队文化俱乐部酒吧乐队当主唱，当时风靡全球，他英俊的外表和惊艳的妆容打扮，可以说是视觉系统的始祖。

图 4-71　20 世纪 80 年代的朋克

80 年代初，朋克已经逐渐成为流行在伦敦街头的服装风格，人们几乎见怪不怪了，媒体已经开始寻找新的刺激(如图 4-71)。在这个时候，一个新的浪漫主义者出现在伦敦的酒吧里。他们用各种华丽、柔软的织物精心打扮着自己，优雅而不是朋克的粗陋，精致而不是朋克的庸俗，所以他们也被称为“装扮者”。他们渴望有一个能让他们盛装打扮的地方，把他们的观点发泄出来，把朋克的潮流推到时尚新的理念上。

3.20 世纪 90 年代的朋克

在 20 世纪 90 年代初，人们逐渐对狂躁的朋克摇滚音乐感到厌弃，来自西雅图的后朋克的延续，generation-X 新一代风靡无数人群，它融合了重金属思想与朋克哲学思想的一部分。垃圾与时尚的口号团体发展起来，由变得世故的街头青年和歌手组成，穿着邋遢的服装(比如 T 恤、格子衬衫、MA-1 夹克、军装裤、牛仔裤、厚底运动鞋等)作为他们的象征(如图 4-72)。总之，垃圾时尚的座右铭就是穿着低调。垃圾时尚持续的时间很短，但是高峰期的特征已成为时装设计师们重要的灵感来源。事实上，虽然垃圾时尚已经成为一个历史，但是它的影响已经渗透到服装的发展趋势中。流行了许多年的军装裤就是一个例子。

图 4-72　20 世纪 90 年代的朋克

(三)朋克之母——Vivienne Westwood

谈到朋克服装风格，则不可不提被称作“朋克之母”的维维安·韦斯特伍德(Vivienne Westwood)(如图 4-73)。在其他设计师还没有意识到朋克的力量时，韦斯特伍德已经成为英伦朋克文化的旗手。正是因为韦斯特伍德抓住了时代的机遇，成就了她现在的荣誉。韦斯特伍德通过自己的店铺贩卖设计的坡跟鞋，印有挑衅口号的 T 恤，用刀片、自行车链条作配饰的服装，引得无数摇滚明星慕名前来，甚至直接拷贝韦斯特伍德本人的造型风格。韦斯特伍德还包揽了由其丈夫马尔科姆·麦克莱伦(Malcoim McLaren)经营的当时红极一时的 The Sex Pistols(性手枪)乐队全体成员的服装，他们的服装成为当时年轻人争相效仿的对象，并且掀起了一场轰轰烈烈的朋克运动。

韦斯特伍德将地下和街头时尚变成大众流行风潮，轻而易举把朋克文化以时装为载体引入了主流社会，以惊世骇俗的设计风格引领后现代主义服饰时尚，有典型的后现代主义服饰特点，为传统文化做了一次美学意义上的另类注解。

图 4-73　Vivienne Westwood

(四)朋克风格服饰的特点

1. 款式

街头喜爱朋克风格的青年们越来越喜欢穿皮质的夹克，裤裙、牛仔裤上常见用多余的铆钉、拉链等作为装饰，特大号的 T 恤、印着各式各样或暴力的图案或粗俗的文字。20 世纪 70 年代中期以来，朋克女孩开始穿着引人注目的迷你裙(如图 4-74)，和 60 年代中期意大利电影中一样(穿着宽松的外观，黑色的塑料，或者苏格兰图案的迷你裙，滑雪裤)。如今的街头仍能见到青年们穿着些许破碎的衣服或者牛仔裤等，这些都是朋克的经典元素所留下的产物，成为服装上必不可少的一部分，并将继续流传下去。

图 4-74　朋克女孩

2.色彩

朋克中最抢眼最美丽的颜色通常不在服装，而是在头发和文身上。他们非常喜欢将头发染成不可思议的颜色，比如一些暗绿色、橙色以及淡紫色。黑色在朋克中是最常用的颜色，衣着上以红色、黑色和白色为主。他们经常会搭配一些醒目的颜色，比如粉红色和橙色掺杂在一起的颜色，或者在刺激强烈的色彩上用黑色皮革作装饰，或是通过苍白面孔上布满雀斑与闪亮的金属链子、搭配胸针、随着气氛的紧张对比出强烈的视觉冲击效果，见图4-75。

图4-75 发型色彩鲜艳的朋克族

3.图案

早期的朋克在图案上与现在有极大不同，T恤和牛仔裤上印有暴力等的图案，或是手画粗俗的口号，朋克青年经常在装饰上用骷髅图案。

(1)喧嚣文字。朋克青年们表达其心情的方法，最为普通的就是在服饰上写上其想表达的文字，这些文字的内容大多都是表达一种喧嚣的态度、混乱的情绪、对于事物的看法和反叛思想，朋克们用这些喧嚣的文字和对比强烈的色彩来表达最真实的心情。

(2)色情暴力。色情暴力的图案也是朋克服饰中十分常见的图案，朋克文化所表达的暴力美学通过图像直接表达出来，其中元素有骷髅头、枪械等。韦斯特伍德曾说过，终极的时尚就是脱光所有的衣服。因此人体器官的图案在她设计的服饰上的运用也屡见不鲜。

(3)政治寓意。对当时的朋克一族来说，政治是绝对不能缺少的话题。20世纪70年代，韦斯特伍德和她当时的伴侣、性手枪乐队领头人马尔科姆·麦克莱伦一起经营着一家朋克时装店——SEX。他们在店铺里销售许多T-shirt，上面写着“Destroy”(毁灭)，“God Save the Queen”(上帝拯救女王)等字样。韦斯

特伍德甚至用英国女王的头像作为T恤图案，并附上了标语"I'm yours"。这些服装在当时受到了厌倦英国保守政治气氛的反叛青年们的火爆欢迎。见图4-76。

图4-76 政治寓意图案

1984年，时任英国首相撒切尔夫人在唐宁街会见当年参加伦敦时装周的各位本土设计师。Katharine Hamnett穿着一件宽大的写有"58% Don't Want Pershing"(58%的人不想要潘兴导弹)(如图4-77)大字的T-shirt与撒切尔夫人握手。Hamnett的这个举动，不仅给了年轻人一个向政治首脑级人物正面发泄不满的机会，也让她本人成为当年最受关注的设计师。

图4-77 "58% Don't Want Pershing"图案的T-shirt

(4)苏格兰格纹。此外,苏格兰传统的图案也是朋克时尚风格的特征之一(如图 4-78)。朋克青年们会穿着格纹衬衫、裤子等等。

图 4-78　苏格兰格纹图案

4. 面料

与嬉皮士的理念不同,朋克的青年更喜欢运用一些陈旧的或者粗制的面料,例如化纤制的织物,或者工业的产物比如橡胶,塑料等等。将衣服故意弄脏、破破烂烂的感觉,比如各种挖洞和撕成条,染脏。把面料破坏再重组,是朋克面料的精髓所在,多采用破洞、撕裂、涂鸦、水洗、镶钉等方式对面料进行二次处理。

5. 配饰元素

安全别针、剃须刀片等日常用品都能成为配件。年轻人把安全别针做成耳环,有的干脆直接钉在皮肤上,在腿上或者脖子上松散地绑着金属链条,装饰着铆钉的机车手套、腰带、鞋子以及网袜都是必不可少的朋克服装风格的配饰(如图 4-79)。他们最喜欢的东西就是一条狗链或者白色自行车的链子,它可以环在脖子上或绑在腿上。

6. 形象

受到已经过时的恐怖影片以及原始部落的影响,“莫西干”发型逐渐流行(如图 4-80),将两边的头发剃光,留中间的一束,头发的颜色多种多样,十分醒目。除此之外,朋克青年们还喜欢用白粉涂面,配合黑色眼影,造成一种阴森暗淡的感觉,将眼影做出十分夸张的造型,并涂上闪闪发光的亮片,这些都是朋克经典的形象。

图 4-79　朋克配饰元素

图 4-80　“莫西干”发型

装饰着多余的金属“铆钉”拉链的黑色夹克，带着破洞、撕扯的牛仔裤，露出不健康的暗淡肤色，印着各样图案涂鸦的破烂 T 恤，鞋底厚到夸张的牛皮靴。朋克女孩穿裙子，搭配渔网袜，塑料耳环、高高的楔形凉鞋，碎落的布、凌乱的衣服撕开或者打结，制造出一个朋克青年极其叛逆，放荡不羁的形象。

三、嘻哈一族

（一）嘻哈文化的起源

2017 年，随着综艺节目《中国有嘻哈》的火爆，嘻哈文化这种历来不太被认可的青年亚文化种类开始逐渐进入大众的视野，甚至大有一夜爆火之势。见图 4-81。

图 4-81 《中国有嘻哈》综艺

嘻哈文化(Hip-Hop)源起于 20 世纪 70 年代美国黑人的一种说唱文化,美国的黑人通过穿着松垮服装在大街上用肢体或言语等方式来抒发心中的“real emotions”。对他们而言,嘻哈文化不仅仅是一种艺术形式,更是一种娱乐精神和信仰,是一种个性张扬放荡不羁的街头精神与生活态度。

从历史的角度来看,嘻哈运动起初的目的是美国黑人群体寻找自身的身份认同。在嘻哈运动诞生之前,美国黑人在 20 世纪 20 年代、60 年代已经有过两次文化运动,嘻哈是第三次,从这三次文化运动的纵向比较来看,嘻哈运动影响最大,也最为成功。最直接原因就是当时的黑人青少年正面临着一个转型,也就是过去的种族主义隔离转型为现实的贫富差距隔离。在当时略带种族歧视的社会背景下,他们为毒品、饥饿、贫穷、疾病等问题苦恼着。

嘻哈诞生地的纽约布朗克斯区里很多都是纽约下层黑人和拉美移民,当地黑帮盛行,毒品泛滥,又加上 20 世纪 70 年代中后期美国经济不景气,纽约市政紧缩预算,砍了不少公共服务项目,导致主要靠这些吃饭的黑人青少年群体更加穷困潦倒,这一切都加剧了布朗克斯区的紧张局势。按照现在的一些回忆,当时布朗克斯区帮派横行,惹事生非,路人随便擦碰一下,或者多看上某人几眼,立即就会招来“你瞅啥”的质问,随后就是一群人上来围攻,这时候如果再硬刚几句,那就是一场帮派大火并的导火线。见图 4-82。

图 4-82　黑人青少年群体

（二）嘻哈文化的表现形式

Hip-Hop 文化的四种表现方式包括 MC（有节奏、押韵地说话后来演变成 rap）、街舞、DJ（玩唱片及唱盘技巧）、涂鸦艺术。

1. MC

最能体现嘻哈本质的是 MC，即 Microphone Controller（麦克风控制者）或 Master of Ceremony（活跃气氛者）。因此说唱歌手又称 Rapper 或者 MC。起初 MC 是布朗克斯区一个街头帮派首领为了“平事儿”而采取的一种通过即兴和经过精心编排的念唱的音乐方式。相当于要“文斗”不要“武斗”，通过 MC 组织大型的街区派对，来缓解青年帮派之间的矛盾，疏解压力。见图 4-83。

图 4-83　说唱歌手

Battle 在嘻哈中是 MC 们彼此口水战的术语。Battle 的目的是两个 MC 尽力争取喜爱的观众,降低对手的激情。观众对于特殊 lyrical 的喜好水平是由各种形式的语气腔调的转折,绕舌的技巧,挖苦对方和他们"鼓动人群"的能力决定。观众同时用例如"ooh"和 "aah"的手势来回应 MC 的"请求",或在一节结束的时候以喝彩回应。然后观众用喝彩的音量决定哪个是比较好的 MC,以此表示承认那个 MC,增加他赢得更多 Battle 的自信心。

2. 街舞

街舞是一种技术含量很高的现代舞蹈,起源于布鲁克林街头的即兴舞蹈动作。青年人穿着超大尺码的服饰,做出单手倒立、前滚翻、大风车转、背旋等动作,体现自己良好的体质、坚强的意志和勇气。街舞出现之初是霹雳舞形态,后来融入嘻哈文化。从字面来看,Hip 是臀部,Hop 是轻扭摆臀的意思,从中也可以看出嘻哈街舞的特色。见图 4-84。

图 4-84　跳街舞的黑人青年

3. DJ

DJ 是"Disco Jockey"的简称,意为唱片骑士,是在嘻哈音乐中"刷碟"(通俗称之为转碟子)的人。DJ 把转碟子视为一种音乐上的乐器艺术,可以使用卡带、收集册作为工具来产生许多不同风格的音乐。一些技术包括切音、刮擦、身体上的 trick、掉针、混合或多种混合都被运用到音乐中。见图 4-85。

4. 涂鸦

至于涂鸦,本来这是布朗克斯区各个帮派在墙上涂刷来宣示本帮地盘的,起初涂刷的大部分仅仅是帮派旗帜或者 Logo 标语之类,后来逐渐融入艺术成分,成为一种自由的创作形态,并最终成为嘻哈文化的一部分。见图 4-86。

图 4-85　DJ

图 4-86　涂鸦墙

（三）嘻哈风格服饰的元素

1.上衣 T 恤＋垮裤

嘻哈风格服饰特点是“超大尺寸”。除了方便运动之外，主要还是因为黑人家庭人数众多而收入甚少，所以哥哥穿小了的衣服就会给弟弟穿，弟弟穿完又给小弟弟穿。此外，为了让处于快速成长的小孩不至于快速淘汰衣服，父母还会特意购买大尺码的衣服给孩子穿。久而久之就造就了一种叛逆、玩世不恭的风格。甚至当时还有一句名言“the bigger，the better（越宽松越潮）”，来形容这种风格的魅力。见图 4-87。

图 4-87 “超大尺寸”的嘻哈服饰

嘻哈一族除了爱穿宽松的垮裤，他们还喜欢把裤腰拉到胯下，恨不得让大家都看到自己的内裤是什么颜色。见图 4-88。

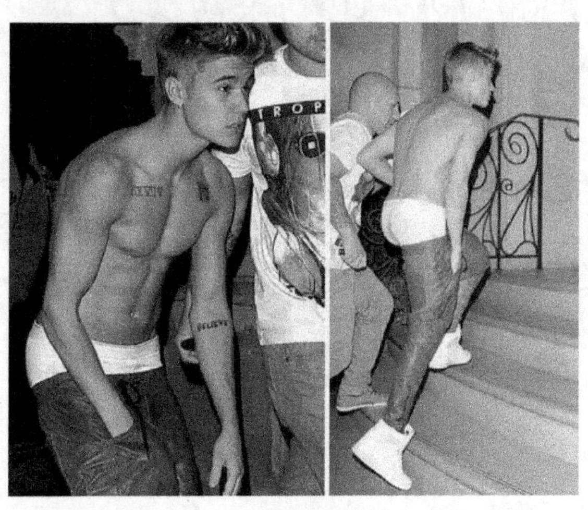

图 4-88 穿 Sagging 的 Justin Bieber

这种喜欢把裤子提到腰以下，非得露出半截(或整个)内裤的穿裤子方式，是一种嘻哈男性时尚，叫“Sagging”，在英国叫 Low-Riding，翻译成中文叫“低垮裤”。穿“Sagging”，是嘻哈的一种表现。一般把裤子穿成这样的，会被称为“Sagger”。

Sagging 据说起源于美国监狱。因为在监狱中，为了防止囚犯把腰带当作武器自杀或者谋杀别人，狱警就不给囚犯发腰带。没办法，囚犯们只能穿着宽大的裤子，让裤子自然下垂到腰部以下，露出部分内裤和屁股。

而且在美国的几乎任一个城市，都有 Sagger 穿着 Sagging 在街上溜达。而且这些 Sagger 还觉得，实在是把裤子勒在屁股上比勒在腰上舒服，所以才这样穿。

2. 棒球帽

棒球帽经常会在嘻哈造型中出现，嘻哈一族除了正戴也会反戴帽子。见图 4-89。

图 4-89　佩戴棒球帽的嘻哈一族

3. 墨镜

《中国有嘻哈》综艺中的四位导师在节目里都佩戴了墨镜，宣告了自己的嘻哈态度。见图 4-90。

图 4-90　佩戴墨镜的《中国有嘻哈》导师——张震岳、热狗、吴亦凡、潘玮柏

4. 头巾

在以前美国黑帮火并的时候每个人都会在头上绑头巾便于同伴识别，如果绑错头巾的话或许一不小心就会被自己人干死。后来一些热爱舞蹈的小混混们

在街头说唱、跳舞，渐渐地嘻哈就融入了绑头巾的文化。崇尚黑人文化的韩国潮流人气组合 BIG BANG 的各成员也是头巾的爱好者之一。见图 4-91、4-92。

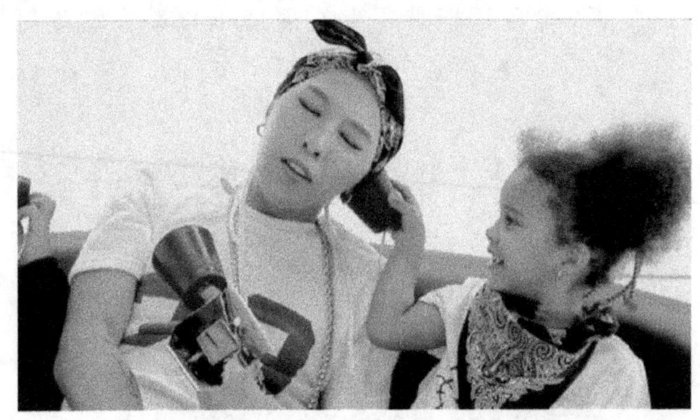

图 4-91 佩戴头巾的 BIG BANG 队长权志龙

图 4-92 佩戴头巾的嘻哈青年

5. 球鞋

运动细胞好，爱动爱跳的嘻哈黑人青年对球鞋的热爱超过旁人的想象。纵观嘻哈文化发展历程，球鞋文化无时不刻不伴其左右。无论是历史悠久的 Air Force 1，Superstar，或是 Air Jordan，乃至如今大红大火的 Yeezy Boost 系列都贯穿其中。如果说篮球运动孕育出了球鞋文化，那么嘻哈则让球鞋风潮更加发扬光大。所以从某种意义上来说，嘻哈文化与球鞋文化早已融为一体，如今更像是一种携手共进的和谐关系。见图 4-93、4-94。

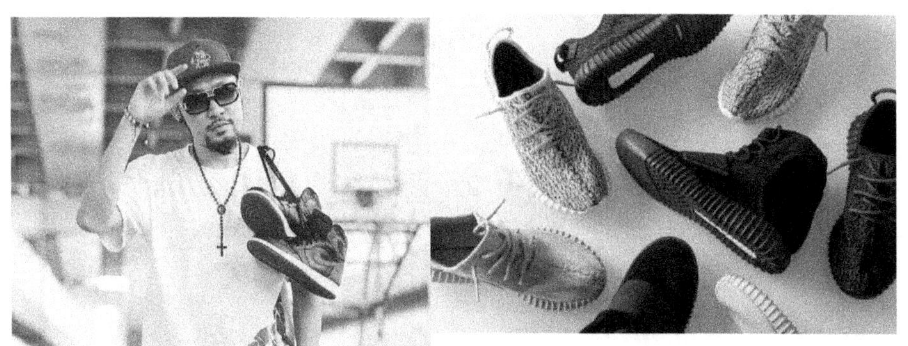

图 4-93　热爱球鞋的著名说唱歌手 MC Hotdog

图 4-94　黑人说唱歌手 KANYE WEST 参与设计的 Yeezy Boost 系列

6.金牙、金链子

流行歌手潘玮柏曾在歌曲《快乐崇拜》里唱道:"有人露出金牙,千万不要惊讶,嘻哈正在发芽,别拔它假牙。"的确,金牙在嘻哈文化中风头正旺,是越来越多人开始拥有的膨胀级饰品,也是他们要帅炫富的必备工具。这个风潮的由来与黑人青年从过去的困苦生活中脱离不无关系。见图 4-95。

图 4-95　佩戴金牙的 A $ AP Mob 嘻哈组合成员

金项链与金牙一样是一种膨胀性炫耀,也是嘻哈的必备元素之一。金链子表达了嘻哈青年们的态度:"做自己","Keep it real"。金项链所代表的财富,对应的是人的欲望和本性,很多嘻哈青年把金链子佩戴在最显眼的位置就是要告诉人们,应该开放地面对人贪婪炫耀的本性,不要遮遮掩掩。嘻哈的风格,就是有什么好的都往上招呼,别客气。见图 4-96。

图 4-96　佩戴金项链的黑人说唱歌手 KANYE WEST

7. 脏辫

作为一种发型，“脏辫”这个名字是通过发型的外型来命名的。在燥热的非洲，严酷的环境让人们没有足够水资源的同时还饱受蚊虫的骚扰。一些黑人便将头发缠在一起，用泥土和动物粪便固定，避免蚊虫在头发滋生。这个发型就成了脏辫的雏形。

渐渐地，脏辫演变成了一种文化。不拘一格的音乐流派，例如雷鬼、嘻哈等，都渐渐爱上了个性大胆的脏辫，并将脏辫变成了该音乐流派的代表发型。见图 4-97、4-98。

图 4-97　短脏辫的黑人说唱歌手 Travis Scott

四、无赖青年

无赖青年(Teddy Boys)，又称泰迪男孩，最早是一群受美国摇滚音乐影响的叛逆年轻人。这种次文化起源于 1950 年的伦敦，然后蔓延至全英国。1950 年代中期的时候，一部美国电影 *Blackboard Jungle*(《黑板丛林》)在英国上映，影片描述了 50 年代的青少年问题。这部电影成为英国青少年文化的分水岭。

图 4-98　双脏辫的美国殿堂级说唱天王、西海岸饶舌教父——Snoop Dogg

影片最先在伦敦南部的 Elephant and Castle 地区上映，这个区域在伦敦一向以秩序混乱而出名，可是又充满了新型的艺术家。之后，部分无赖青年开始在电影院闹事，他们把电影院的椅子弄乱，然后在过道中间跳舞。后来，这部电影在哪里上映，这些年轻人就闹到哪儿。见图 4-99。

图 4-99　*Blackboard Jungle*（《黑板丛林》）剧照

无赖青年是二战后第一个在英国全国范围内产生影响的亚文化群体。二战后的数十年间，英国传统的生活模式开始瓦解，尽管英国政客们极力宣传英国进入"从未生活得如此美好的"时代，但是阶级在英国依然存在。一系列传统生活、工作模式的转变加剧了工人阶级社区的瓦解和分化，在阶级体验广泛领域产生了一系列的边缘话语。

早期的无赖青年来自流氓无产者的底层，从事的是市场搬运工、泥瓦匠等挣钱少、无技术或半技术工作，并且来自于较差的现代学校。他们总是在街头惹是生非，被称为最初的“具有反叛精神的民间恶魔”。在许多主要的领域里，这个阶级的部分青年的生活地位日趋恶化。无赖青年把自己装扮成想象中的贵族青年的模样，非常敏感于任何对他们服装的攻击，为的是弥补战后工人阶级社区文化被破坏后的失落心情。因此，无赖青年的复古服饰对他们而言更多代表着一种对阶级流动的渴望和对上层阶级奢华生活的向往。

无赖青年是第一个创造了自己的着装风格，并且为大众所广泛接受的年轻群体。他们的服饰装扮以爱德华七世的华丽造型为模仿对象，爱德华七世是 19 世纪下半叶到 20 世纪初的英国的国王，他的昵称是“Teddy”，这也解释了他们名称的由来，跟泰迪熊没有关系。1953 年，《每日邮报》的新闻标题把“爱德华式”用昵称简称为“Teddy”，Teddy Boys 这个名号就这样诞生了。见图 4-100。

图 4-100　爱德华七世

不过正巧，当时 Savile Row（萨维尔街）的裁缝们正在英国的战后时期致力于重振爱德华时期的着装风格，Teddy Boys 一出名，也算帮了他们一把。爱德华式的服装包括狭长的翻领掐腰夹克衫、窄裤子、有鞋尖装饰的鞋子、别出心裁的马甲、下摆裁成圆领的白衬衣。他们的领带被打成温莎结的形状，头上戴的是特里比式的软毡帽。与传统的服装相比，本质变化是夹克的裁剪和时髦的背心。见图 4-101。

战后的英国，随着配给越加充足，“无赖青年”有越来越多的闲钱花在服装和打扮上。然而，他们的装束并不便宜，多因裁缝师的手工缝制而造价不菲，事实上，这些以白人劳动阶级为主的年轻人多以分期付款的方式购买。

“无赖青年”标准的装扮是外套搭配织锦的马甲、皮绳式领带或者一种叫作“Slim Jim”的窄条领带、细腿儿的直筒裤、翼领衬衫或者是一种叫作“Mr. B Collar”的高领白衬衫、麂皮鞋，还有为了保持发型的配件——梳子。裤子往往是高

图 4-101 爱德华时期的服装风格

腰的，裤脚下面要露出色彩鲜艳的袜子。其他受欢迎的鞋款还包括高光的牛津鞋，矮胖的布洛克鞋，还有绉胶底鞋(通常也都是麂皮的)。见图 4-102。

图 4-102 “无赖青年”的标准装扮

“无赖青年”最显眼的也是他们的发型，当时流行的发型也很多，其中鸭屁股头(Duck's Arse)是其主流发型，与之搭配的往往是蓄起的连鬓胡子。见图 4-103。

进入 20 世纪 60 年代后，“无赖青年”的风格并没有很快消失而是逐渐分化为摩登族(Mods)与摇滚客(Rockers)，其中摩登族的装扮与“无赖青年”的风格是一脉相承的关系。到了 20 世纪 70 年代，“无赖青年”再次复兴，风格大致保持不变。

图 4-103　无赖青年的“鸭屁股头”

五、摩登族与光头族

摩登族作为“无赖青年”的后继者首次出现在 20 世纪 50 年代末的伦敦及周边地区，60 年代达到盛行。在战后英国的工人阶级青年亚文化中，摩登族是第一个对西印度群岛黑人亚文化的出现予以正面响应并试图效仿的亚文化，这种仿效体现了工人阶级青年“向上爬”的愿望。摩登族的英文 Mods 是“modern cultures”的缩写，名称起源与美国现代爵士乐 modern jazz 有关，他们喜欢听爵士乐，有钱有闲寻找刺激，对个人外观极为重视，剪裁一流的意大利服装、手工鞋子是他们的基本行头，Vespa 和 Lambretta 摩托车是摩登族狂热社交生活的必需品，此外他们对细节的捕捉几乎到了痴狂的地步。20 多岁的 Mods 男青年留着齐耳的发型，穿着进口的西装或美式军用大衣、皮鞋或高帮靴，并用圆心标靶符号标榜自我，骑着炫酷的小型摩托车飞驰在伦敦城区。Mods 女青年以性感的超短裙或中性装扮挑战并影响了当时欧美主流服装审美。著名少女超模 Twiggy 大胆地把这种摩登族风尚穿到了当时的高级时装界。见图 4-104、4-105、4-106。

图 4-104　骑着摩托车的摩登族青年

图 4-105　身着超短裙的的摩登族女孩

图 4-106　摩登超模 Twiggy

根据统计，摩登族多是半技术工人或办公室职员、商店职员，相对于其他工人阶级子弟，他们的消费水平要高一些，另外还有一些艺术学院的学生，跟随超短裙之母——玛丽·奎恩特(Mary Quant)的步伐，发展了另类的服饰品味，成为“摩登族”。见图 4-107。

摩登族的理想生活围绕着夜总会和市中心展开，每一个摩登族都在心理上做好了准备，一旦有了金钱，一旦有了机会，他们可以随时狂欢。摩登族对狂欢的向往也体现在随时准备好参加派对的夸张的行头上：摩登派喜好样式保守、颜色体面的西服，剪裁极佳的意大利西装和针织领带是他们的基本行头。摩登派

图 4-107　身穿迷你裙留齐耳摩登短发的 Mary Quant

对服饰表现出近乎挑剔的匀称整洁的要求，注重细节到几乎痴狂的地步。摩登派通常留着干净利落的短发，他们偏好一种时髦的法式平头(French Crow)，同时抹上不显眼的发胶，这与偏好涂抹显眼的发油、大喇喇地表现出男性气概的摇滚派不同。古德曼形容这种风格为"典型的下层阶级的花花公子"。见图 4-108。

图 4-108　Mods 青年

在驾驶摩托车时，摩登族为了不让污渍沾染身上昂贵的西装，会穿上带有帽兜的军绿色美军大衣，也就是美军所使用的大衣 Fish-tail M-51 与 parka M-65 这两种型号。当初二次大战时英美是盟军，英国对于美军的物品取得也方便。后来这一装扮被大家争相模仿，也造就了 Mods 最明显的行头。见图 4-109、4-110。

赫伯迪格曾引述过一段对一个"典型的"(理想的)早期摩登派分子和他的女朋友的描述："大学男生，剪着齐整的平头，头顶烧灼出头发分缝。他身着整洁的白色意大利圆领衬衣、专门裁剪的罗马短夹克(两道小开衩、三个纽扣)以及臀部

图 4-109 骑摩托穿美军大衣的 Mods 青年

图 4-110 美军大衣

绝对最大值为 17 英寸的无褶边窄裤，脚登一双尖头鞋，旁边叠着一件白色胶布雨衣。（女友）短短的裙边下是无缝长统袜，足登尖头细高跟鞋，身上是飒飒响的绉布尼龙裙、色彩鲜艳的短运动夹克，头上是小妖精式的发型。脸色如死尸般苍白，眼睛还画着紫红色的眼线，涂满了睫毛膏。”见图 4-111。

图 4-111　尖头鞋

摩登族创造的这种风格让他们在学校、工作与休闲活动之间达成了妥协，悄然打破了从能指到所指条理分明的秩序，逐渐颠覆了“衣领、西装与领带”的传统意义，讲究整洁到了荒谬的程度，甚至显得过于时髦、过于机警了。摩登族通过风格化的尝试意识到了社会中赋予工人流动的风格，他们的服装尽管从未在形式上被主流社会所正视，但是也在一定程度上反映了摩登族形象里享乐主义与消费至上之间的共谋关系。

曾有一个摩登青年说：“如果你是一个 Mods，那么你二十四小时都是 Mods，就连和其他人工作时，你也是个 Mods。”见图 4-112。

图 4-112　老了也摩登的 Mods

而光头仔作为铁杆摩登族的演变，呈现出一种更加光鲜的风格：光头、吊带裤、实用免烫裤、Levi's牛仔裤、平纹或条纹的有纽扣的领尖、班·薛尔曼的衬衫以及擦得油亮的马丁靴。菲尔·科恩认为这一整套行头似乎再现了整个社会流动过程中的元叙事，这种元叙事诞生于摩登族风格中那些显然是对无产者元素的无限夸大，是一种对任何想象中的资产阶级影响的补充性压抑。见图4-113。

图4-113　光头仔

菲尔·科恩用“向上”和“向下”两个术语来解释从摩登族到光头仔的转换：摩登族探索了向上流动的选项，而光头仔则探索了无业游民向下的生活选择。然而迪克·赫迪伯格认为这种所谓的向上的选择“看起来不过是从摩登族过分夸张的外表以及处于压抑或兴奋状态下的自夸做出的错误推论”，摩登族的华丽外表只是作为对白天相对较低下的低沉状态的弥补好让自己不受控制。

从这个角度来看，摩登族的装扮旨在通过转换和歪曲他们雇主和父母所喜欢的形象来创作一种风格，公然抵抗主流社会，造成不被理解的局面。

六、洛丽塔

（一）洛丽塔的起源

“洛丽塔”是单词“Lolita”的音译，源自俄罗斯裔作家弗拉基米尔·纳博科夫在1955年发表的小说《洛丽塔》。小说描绘了患有恋童癖的中年人对未成年少女产生的复杂、变态、细腻的情感。女主角名为桃乐莉·海兹，西班牙语将其昵称念作洛丽塔(Lolita)。小说中的洛丽塔是一个漂亮、早熟而富有魅惑力的性感少女，古灵精怪的她有着未发育完全的身体，喜欢穿性感又不失可爱的服装，是魔鬼和天使的混合体，此后洛丽塔便成为文学语境中具有特殊含义的名字，意指9～14岁尚未发育，却因为天真的举动与自然的美貌而具有诱惑气质的少女。见图 4-114。

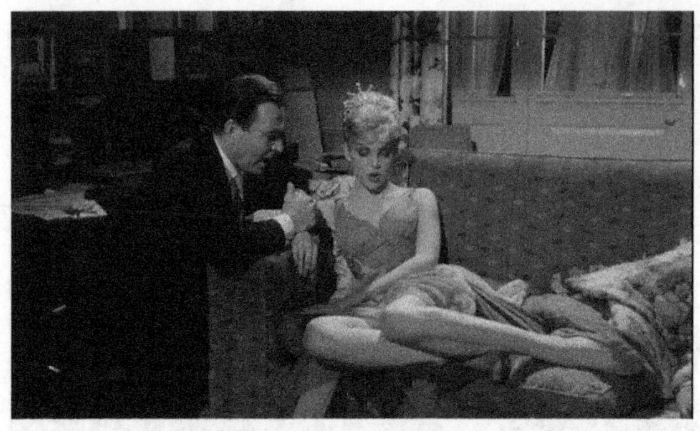

图 4-114　由小说《洛丽塔》改编的电影《一树梨花压海棠》剧照

（二）洛丽塔的发展

虽然洛丽塔一词源于文学领域，但是在洛丽塔亚文化语境中，其含义与性及恋童癖毫无关系。如今的洛丽塔则逐渐由“问题少女”变成了“清纯少女”，被赋予全新意义后席卷了整个时尚界，迎合了某些时尚女（男）孩儿的审美趣味。

在流行文化领域，洛丽塔亚文化群体所穿着的服装以 Lolita Fashion（洛丽塔风尚）来概括，这一说法在英语及日语中均已受到群体内成员的认可。最初的日本 Lolita Fashion 爱好者将“可爱”“少女”等含义寄托于洛丽塔（ロリータ）中，随后其他追随者加以沿用。

图 4-115　Mana（佐藤学）

洛丽塔风尚的穿着者被称为 Lo 娘，穿着洛丽塔风尚的群体当然以女性居多，但也有男性做此打扮。洛丽塔穿衣文化的本质是一种强烈暗示，是利用衣着来激起观赏者的欲望。日本著名乐队 Matenrow（摩天楼）的男吉他手 Mana（佐藤学）就是洛丽塔风尚的男性追随者之一，他也是优雅哥特式洛丽塔风格的始祖。见图 4-115。

（三）洛丽塔风格服饰的特点

洛丽塔风尚是一种纯情、性感而另类的服饰造型潮流，由于该服饰造型和小说《洛丽塔》中女主人公的服饰风格相似。随着社会潮流的发展，洛丽塔已逐渐成为主流的文化风尚，席卷全球。时至今日，该风尚已渗透到世界各个角落，那种青涩而甜蜜的少女情怀荡漾在我们的日常生活之中，无处不在。

洛丽塔虽然源于西方，但洛丽塔服饰风格却是由东方人建立起来，西方人津津乐道的洛丽塔形象和东方人心中的洛丽塔相差甚远。而东方洛丽塔风格服饰主要起源于日本，其表现出非常鲜明的特征：一种类似于宫廷娃娃装，采用大量的蕾丝花边、缎带、蝴蝶结和束腰设计。洛丽塔服饰爱好者的审美体现出她们对18、19 世纪西方女性生活状态的向往，“远离劳动的大小姐形象”是许多社群成员的憧憬。见图 4-116。

图 4-116　源于日本的东方洛丽塔风格服饰

洛丽塔风格服饰从各个年代的女性服装中汲取了装饰元素，主要包括 18 世纪的洛可可风格和 19 世纪的维多利亚风格，随着洛丽塔服饰体系的细化，也出现了以西方油画、日本和服、中国旗袍等为灵感的裙装。总体而言，洛丽塔风格服饰非常强调少女化的审美。

1.款式

洛丽塔风格服饰更偏好那些时代孩童而非成年女性的着装。她们并不偏好拖地的晚礼服，而是喜欢长度在膝盖上下的裙装，并且她们会穿着裙撑使裙摆呈现吊钟的形状，为裙身增加可爱的气息。此外，她们穿着的束胸衣和成年女子穿着的也不同，更为少女俏皮。见图4-117、4-118。

图4-117　穿着裙撑使裙摆呈现吊钟的形状

图4-118　更为俏皮的束胸衣设计

2. 面料

洛丽塔风格服饰一般使用棉布、塔夫绸、丝光棉、雪纺等面料，冬款可以用天鹅绒、平绒、灯芯绒等，大衣则可以用天鹅绒、平绒、羊绒等，重点在于布料的质感。

3. 印花图案

印花也是洛丽塔服饰中十分重要的部分，服饰品牌往往自主设计主题感强烈的印花图案装饰于裙摆上。较为受欢迎的主题有动物主题（如小鹿、小鸟、兔子等）、花朵主题（如蔷薇）、水果主题（如樱桃、草莓等）、零食甜点主题（如曲奇饼、蛋糕等）、童话（如妖精、星座等）等等，都是比较可爱俏皮的形象。见图 4-119～4-122。

图 4-119　洛丽塔服饰各种图案

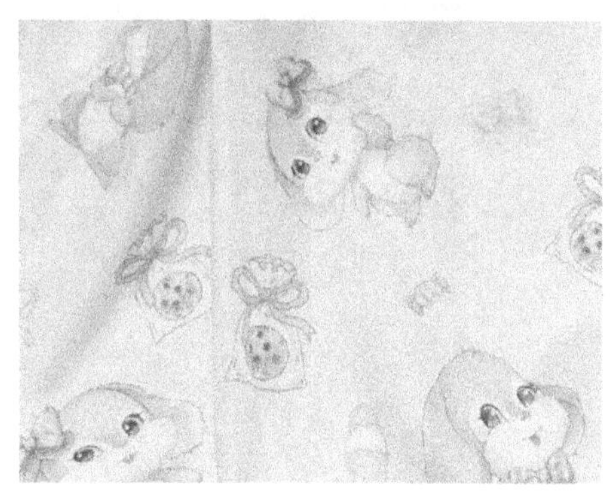

图 4-120　兔子印花图案

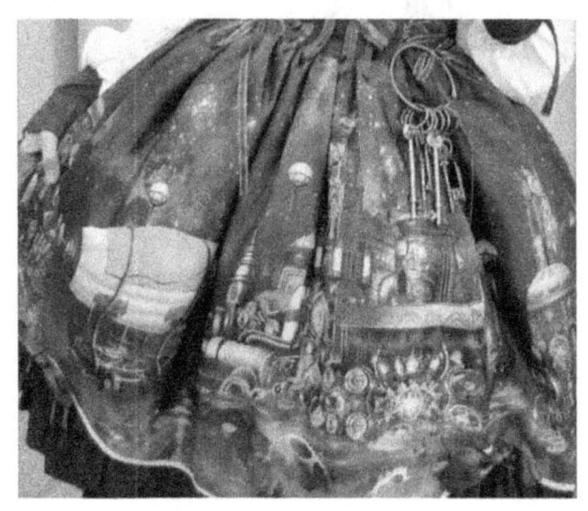

图 4-121　童话印花图案

图 4-122　草莓印花图案

4. 细节装饰

洛丽塔风格服饰不追求简约，十分注重服装的细节装饰，其中蝴蝶结、交叉绑带、木耳边边、盘花等是比较常见的装饰元素。见图 4-123～4-126。

图 4-123　洛丽塔风格服饰的各种装饰元素

图 4-124　盘花装饰元素

图 4-125　交叉绑带装饰元素

图 4-126　木耳边装饰元素

5. 分类

洛丽塔风格服饰审美非常在意自我，以女性的标准打扮自己而不去在意男性的评价，不会受到亚文化社群外的人的意见影响，而是穿着自己喜爱的服装。经过近 20 年的发展，洛丽塔风格服饰的内涵也越来越复杂，根据爱好者们审美趣味的不同，发展出了特征较为明确的几大种类。

(1)甜美洛丽塔(Sweet Love Lolita)。甜美洛丽塔以缔造洋娃娃般可爱的造型为核心,追求“女人少女化”,是东方洛丽塔的典型代表。通常用来表达女性情绪和内心的梦幻意识,很符合女孩子爱幻想的心理。款式方面,以可爱的洋娃娃风格为造型基础,多采用荷叶边、泡泡袖、蓬蓬裙、多层褶裥叠加等细节装饰,搭配圆头鞋和彩色丝质长袜,还可以加上一条粗皮带做点缀。色彩方面以粉红、粉紫、粉蓝和白色等淡雅色系为主。在面料方面主料选择全棉、雪纺、塔夫绸等,辅料则采用大量的蕾丝,网纱。虽然款式丰富,但由于色彩柔和因此不会显得张扬。近年来,印有糖果、蛋糕、小动物或描述某个童话场景的印花面料在甜美洛丽塔风格中也渐渐流行。影视剧《下妻物语》中女主角深田恭子穿着的便是甜美洛丽塔风格的服装。一般来说,甜美洛丽塔风格的服装往往比其他系风格的服装更能获得初次踏进洛丽塔世界的女孩们的青睐。见图 4-127、4-128。

图 4-127 影视剧《下妻物语》女主角造型

图 4-128 甜美洛丽塔风格

(2)优雅哥特式洛丽塔(Elegant Gothic Lolita)。哥特式洛丽塔是哥特式与洛丽塔风貌的混合体,糅合了优雅华丽与黑暗诡异的欧洲中世纪气氛,一般将之视为极端的文化,深受欧美人的热爱。在款式方面,用露脐、露肩的迷你吊带衫、比基尼吊带衫和敞胸式样的短外套,激荡起少女性感的无限魅惑,再搭配上有骷髅、海盗、巨大的刀剑、威严的十字架等图案的夸张银饰,增加更多阴郁的视觉效果。优雅哥特式洛丽塔是天使与恶魔的结合体,主色为黑和白等无彩色系,表达一种神秘好奇的感觉,有时也会选用芥末黄、墨绿、绛紫等中性色调。面料采用全棉、麻等单色面料,蕾丝的加入,柔和了黑白两色凸现的极端感,体现混搭的概念。哥特式洛丽塔比“甜美洛丽塔”少了一分童真，多了恐怖感的优雅和淑女的气质，表达一种神秘、优雅华丽与阴森诡异相融合的死亡气息。此外，在哥特式洛丽塔洋装中还存在着2个比较特别的分支，即雅致哥特和雅致哥特贵族。前者的款式设计一般偏向传统古典，以欧陆贵族、宫廷风的优雅、华丽风格为主，虽与哥特式洛丽塔非常接近，却又多带了点吸血鬼的感觉。后者则偏向纤细、柔弱的风格，和雅致歌特相比，哥特的成分更少，多以花边、蕾丝等装饰，其服装款式一般为中性女装、长裙、裤子和领尖钉有纽扣的衬衣及外套。

上文提到的日本著名乐队 Matenrow(摩天楼)的男吉他手 Mana(佐藤学)就是优雅哥特式洛丽塔风格的始祖。见图 4-129、4-130。

图 4-129　穿着优雅哥特式洛丽塔风格的 Mana(佐藤学)

图 4-130　优雅哥特式洛丽塔风格动漫人物造型

(3)古典洛丽塔(Classic Lolita)。古典洛丽塔整体风格比较平实，更注重简约素雅、成熟大方、高贵的气质，是唯一保留洛丽塔精髓风格的代表。款式方面采用蓬蓬的娃娃裙或者同样蓬蓬的娃娃衫、小吊带配短裤，蕾丝花边会相应减少，在细节上荷叶边和褶皱是最大的特色，特别是立体感觉的“斜裁”，在袖带、暗花纹等衬托下，力图表达一种清雅的心思，有一种复古摩登的精致感觉。在面料方面常采用精致高雅的面料，讲究华丽的感觉。如柔顺的锦缎、精致的碎花布、小面积蕾丝等。设计简洁，注重整体线条和修腰的效果，着重剪裁以表达清雅的心思。色彩并不出挑，以简约色调为主，柔和的米色、经典的白色、茶色和粉色系列、高贵的酒红色和墨绿色都是古典洛丽塔选择的色彩。在化妆方面与服饰风格相呼应，讲究自然、纯净和素雅，表现出一个充满优雅气质、古典的、梦幻般的少女贵族。见图 4-131。

图 4-131　古典洛丽塔

第三节　自我和谐

人们常说“文如其人”，在服饰领域，我们也可以说“衣如其人”。罗伯特·潘特是美国著名的形象设计师，他对服饰打扮是否和谐是这样说的：“在你没开口之前，甚至在别人还没开口之前，你该怎样让他们知道你的成功、你的学识和你的成熟呢？你的服装或许能帮助你做到这一点！而一些人看起来似乎没有教养、不健康、不快乐，有许多时候，问题就出在他们的服装上。”他指出，当一个人对自己的穿着感觉良好时，一般来说，他同时会感到自己充满自信，并会产生一种自我安全感。所以在很大程度上，可以这么说，服装能够改变一个人的形象，能弥补你的缺陷，也能扩大你的缺陷。因此，选购或穿着服装时，不能孤立地只看一件衣服本身，还要看其与其他服饰品的搭配是否和谐，是否适合你穿等，这样才可能产生整体上的美感。

个体自身的内在、外在气质，使之成为具有美感的人。服饰是形象造型艺术，它的美与人体的文化修养、审美能力、思想意识及职业特征和对生活的追求相生相和，其协调之处恰恰体现了中国传统和谐理念。服饰是无声的语言，能够表达出自己的思想观念、品位、个性气质特征甚至追求和理想。一个人不能妄谈拥有自己的一套美学，但应该有自己的审美品位。而要做到这一点，就不能被千变万化的潮流所左右，而应该在自己所欣赏的审美基调中，加入当时的时尚元素，融合成个人品位。服装的品位不仅体现在衣服、配饰等具体的衣物上，更重要的是它与穿着者融为一体时，表现出人的精神气质、文化修养。衣服与配饰是为人服务的，而人首先要有情调、有气质去承担起衣饰的陪衬。融合了个人气质、涵养、风格的穿着将会体现出个性，否则就让人感到反感和讨厌了。对服装所蕴含的品位，只能靠自己用心体会和感受。追求什么样的服装品位，心中一定要有数，每套服装的组合与搭配只能突出地表现一种品格、一种情调，要分清主次，不可大杂烩什么都要、什么都有，然后整体组合后什么也没表达好。

个性是最高境界的穿衣之道。如果我们的穿着妆扮能恰如其分地表达自己的个性风格，不但自己觉得舒服，其他人也会觉得自然。服饰所反映的个性是天性与角色的结合，不同性情的个体，往往衣着不同，呈现出不同的仪表神态风貌。和谐的服装是一种象征，它不仅能显示出穿着者的社会地位，还能表现出个人风格。天性热情奔放者，着装色彩艳丽，对比强烈，款式新颖独特；天性拘谨矜持者，着装色调则沉稳，款式简洁素雅。老布什总统爱身穿布鲁克斯史弟牌普通西装，这样更能体现出他老成持重的特点。撒切尔夫人爱穿夸张的宽衬肩服装，这样能淋漓尽致地表现出她不可一世、独断专行的性格。她曾说过："我喜欢购买经典的，剪裁精良的礼服套装。它们的式样极其相似，只在一些细节上有所不同。我的这些套装已经穿了好多年了，我打算永远穿着它们。"如今，撒切尔夫人的礼服套装已经成为时装史上的一大标志。见图 4-132、4-133。

图 4-132　铁娘子——撒切尔夫人

每个人都有独特的个性，都有求新、求异的心态，而"个性化"不是盲目模仿或赶时髦，而是在"适合自己"的原则下展示个性美，以最恰当而有效的方式展示自己的性格、气质和品位，同时充分实现服饰的个性化。服饰的个性化，从理论上讲主要是和谐，所谓和谐，主要指恰当、协调、得体。服饰应该与个体的年龄、性别、身份及其爱好、审美要求相一致，结合成一个和谐的新体，成为交融于社会生活的审美对象。因此选择适合自己个性的服饰，才能全面地发掘出个体的内

图 4-133　撒切尔夫人的礼服套装

在神韵，才会由衷地从生理到心理感觉到一种快感。

一、服饰与生理和谐

（一）年龄

一般来说，不同年龄的人有不同的心理特征，对衣着服饰有着不同的兴趣和偏好。童装色彩鲜艳，活泼可爱，体现其天真稚气的年龄特点；少年服装朴素实用，清新明快，表明其学生身份和轻松好动的年龄特点；青年人充满朝气，他们的服饰浪漫优雅，多彩多姿，充满生机，富于青春美；中年服饰稳重大方，雍容典雅，气度不凡，所具有的是一种深沉、含蓄的成熟美；老年服饰朴素宁静、宽缓柔和，特具慈祥和善的老年美。见图 4-134、4-135。

图 4-134　活泼可爱的儿童服饰

图 4-135　慈祥和善的老年服饰

在服装款式的选配上，处于发育期的儿童与青少年不宜穿得过紧或过于宽松,穿得太紧,不利于生长发育;穿得过大,势必影响其活力,人为损害了儿童与青少年活泼好动的天性发展。

虽说年轻是一种心态,跟岁月没关系,但是老年人仍不宜选择一些不符合自身年龄层次的服饰,如学院风的百褶短裙与可爱的背带裤,一方面这样的搭配有失稳重,另一方面与老年人逐渐衰退的生理机能不适配。在衣服颜色的选配上,老人一般穿深色,更显老成持重,儿童与未成年人一般选择较为鲜艳的颜色,如充满朝气的红色与黄色,可充分显示出其活力青春的特性。

如果一个儿童打扮得像老头,而老头又打扮得像儿童,滑稽可笑之外,难免有丑陋之感。一般的社会审美意识都难以接受这种"错乱"的服饰行为。

(二)体型体态

在体型体态方面,服饰的和谐美以人体美为基础,服饰的款式、色彩、图案等等均需与人体和谐。例如设计简洁、宽松合体的款式与大胸围体型者和谐,套衫、开衫、背心之类的款式与粗腰围体型者和谐,这样可掩饰大胸围和粗腰围的弱点。粗腰围的人不能束显眼的腰带,尽可能避免对腰围的着重强调。瘦人不宜穿着过紧或过大,穿着过紧,更显"骨瘦如柴";穿得过大,则令人感到"空洞无物"。横条纹的服饰给人视觉上的延伸感,容易带来显胖的视觉效果,因此瘦长体型的人可以考虑横条纹的服饰,胖体型的人则不宜穿着,应以竖直线为主,其他线条要服从这一主线条。而且,线条能够指示运动方向,服饰上的线条应指向穿衣者最美之点,引离不美之处。色彩的明暗从视觉效果来看,在心理上产生重量感,即明色比实际的感觉要轻些,暗色则重些,掌握这个原则可以调节服饰色彩的搭配关系:上浅下重,令人稳重;上重下浅,令人活泼。如身高体胖的人,色彩应倾向冷色,有内缩感;身材短粗的人,应尽量以单色、同类色为首选,使视线有上下延伸感;身材瘦小者,则应穿具有扩张感的浅色或亮色,也适宜选用大型图案花纹,给人一种雍容富态的感觉。

(三)脸型

人的脸型大致分为三大类:圆形脸型、方形脸型与尖型脸型。在服饰领域,领型的选择对脸型的修饰美化作用十分重要。一般来说,重复、对立的线条会突出原来的不美之处。下面介绍各类脸型的领型修饰方法。

1. 圆形脸型

圆形脸型又可以分为三大类型——正圆形脸型、椭圆形脸型与梨形脸型。见图 4-136。

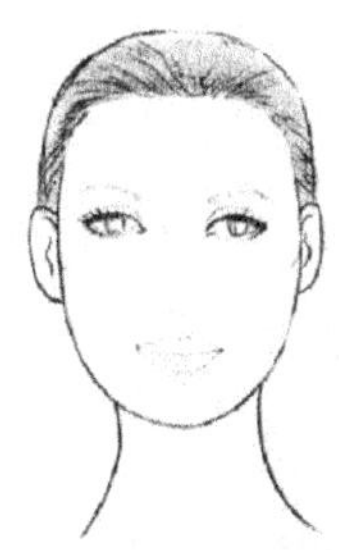
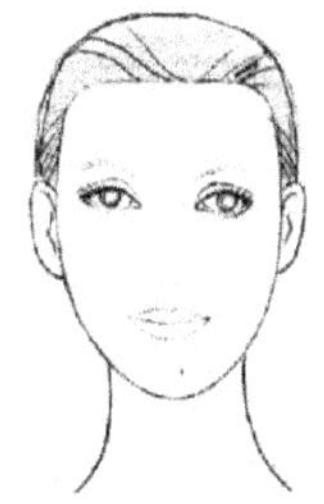
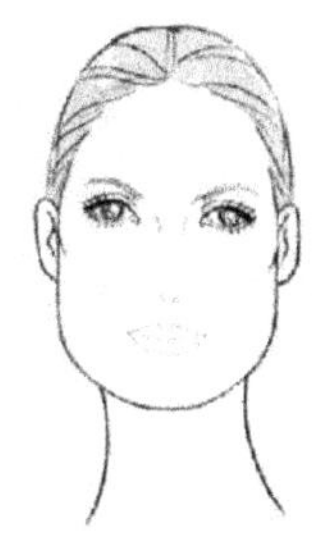

图 4-136 圆形脸型(从左往右分别为正圆形脸型、椭圆形脸型与梨形脸型)

正圆形脸型拥有柔和的下颚线与双颊,颧骨不明显或完全看不出颧骨。圆形脸的缺点就是线条太过于圆润,所以选择领型的时候就要尽量避免也是圆形的领口,切不可穿领口又大又圆的衣服,应该选择 V 字形或长方形领口的衣服。因为 V 字形纵向拉伸视线,让下巴显得比较尖,可以缓解脸部线条的圆润,达到修饰脸型的好效果。见图 4-137。

图 4-137 V 字形领口

椭圆形脸型下颚线柔和,两颊不明显,前额发际线呈同形。椭圆形脸的人切忌采用长形或者狭长形的领式,那样会夸大脖子与脸型的长度,平常应该选择能使颈项外露较少的领型,开领越浅越好,如圆领、翻领。见图 4-138、4-139。

图 4-138　圆领

图 4-139　翻领

梨形脸型额头较窄、脸颊饱满、下颚线条宽阔，所以选择领型的时候就要尽量避免小形或狭长形的领型，以免更加凸显脸型，应该选择领口较大的领型，如V字形或长方形领口的衣服。

2. 方形脸型

方形脸型又可以分为两大类型——正方形脸型与长方形脸型。见图4-140。

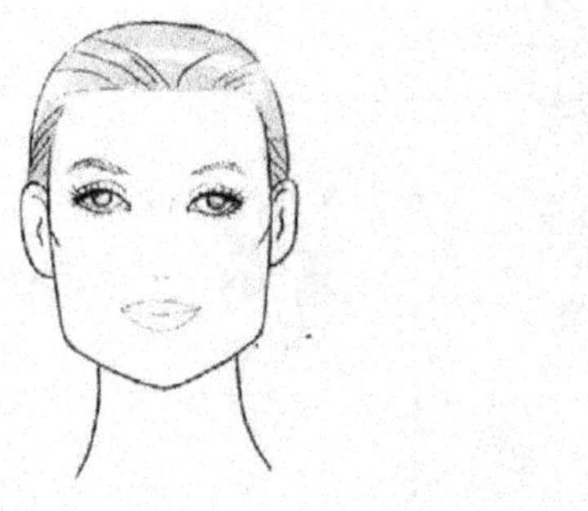
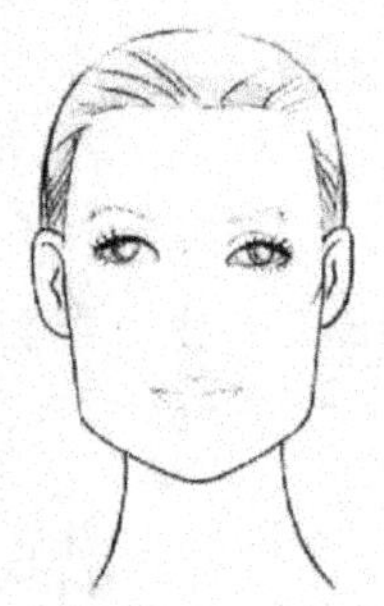

图 4-140　方形脸型（从左往右分别为正方形脸型与长方形脸型）

正方形脸型下颚线明显，这种脸型大多属于宽大型，给人很强的角度感，同时也富有个性，应该强调个性美。假如穿圆形衣领，反而凸显宽大的感觉，U字形领口可很好地缓和这种脸型。同时应尽量避免穿薄薄的高领，防止让“四方”的感觉向下延续。见图 4-141、4-142。

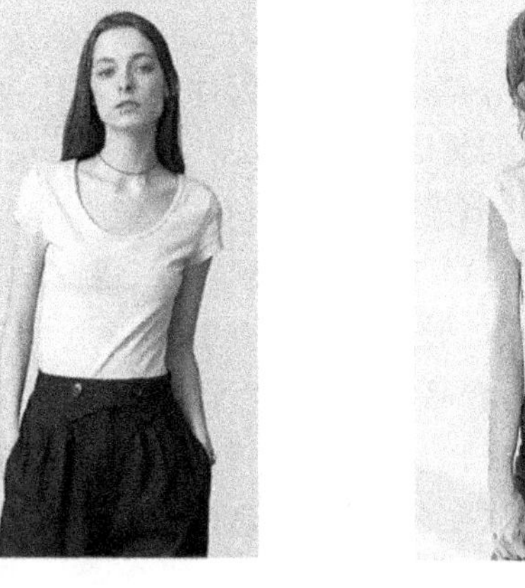

图 4-141　U 字形领口　　　　图 4-142　水平领

长方形脸型属于长脸型，拥有倒“人”字形下颚，水平线条的领型可帮助其减少长度感，如船形领、方领、水平领都适合。

3. 尖脸形脸型

尖脸形脸型又可以分为三大类型——三角形脸型、心形脸型和棱形脸型。见图 4-143。

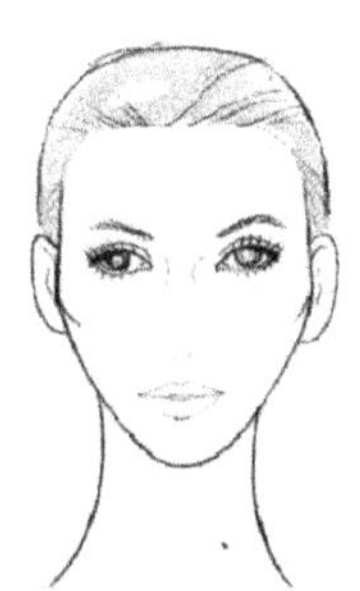
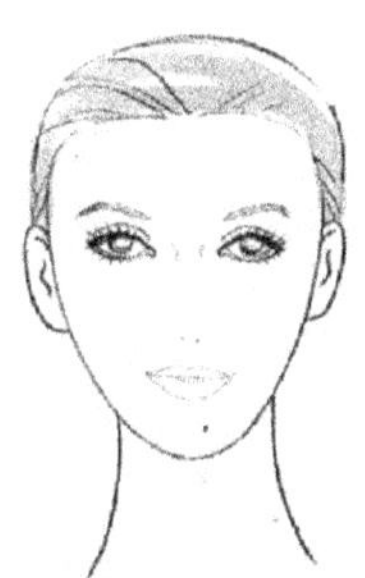
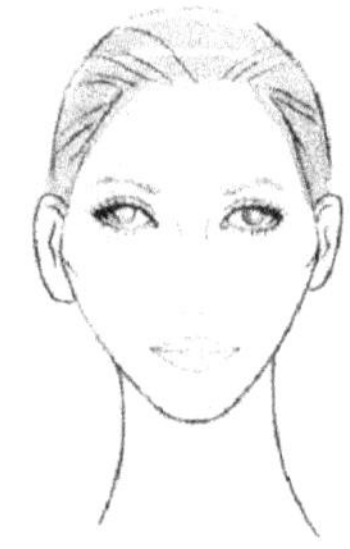

图 4-143　尖脸形脸型（从左往右分别为三角形脸型、心形脸型和棱形脸型）

三角形脸型拥有窄下巴，突出的颧骨与宽额头，这种脸型对领型的适应性较强，选配领型的限制较少，无论是圆领、方领、立领都较为合适。

心形脸型前额宽，下巴窄，选择领型时以 V 字形的领口缓和最为恰当，当穿圆领时，领口需大于脸型才能将脸型衬得小。

棱形脸型拥有突出的颧骨，前额窄，下巴突出，这种脸型对领型的适应性也较强，没有太多领型的限制。

(四)肤色

不同人种、不同地区、不同国家的人以及设计每个个体，在肤色、发色和眼睛的颜色上都会有一些差别，我们挑选服饰时主要考虑自己的肤色。东方人脸色偏黄，肤色偏暗，这也是我国人偏爱蓝、青色的原因，因为皮肤在深蓝色的陪衬下会产生明亮感。具体到每个人，由于生活环境、职业、遗传等诸多因素的影响，其肤色不尽相同，因此，在选择服饰时必须了解自身的特点。如皮肤较白者，选用浅淡的色彩，会显得柔和文雅；深暗色能形成对比，衬托其肤色，显得更白皙。皮肤发暗的人，适合选用暖色系来弥补肤色的不足。而肤色较黑者，一方面可以选用中明度色彩，同时也不妨尝试金色、草绿色、紫色、红色或深蓝色，以反衬脸色，使其显得亮些。

二、服饰与心理和谐

服饰与外界环境的和谐只是服饰美的表面内容，还不是服饰美的深层内涵。这是因为服装和人的一体化与它和人的心理状况是分不开的，只有当服饰与人的内在品格(气质、性格、精神)相和谐，才能表现出个性特征。只有个性的衣着，才能取得动人的、与众不同的着装效果。

人与人的心理差异较大，带有不同倾向性的心理特征，表现为不同的个性，就应具有相应的服饰风格和行为。按人们心理活动动力特点的不同，可以分为多血质、粘液质、胆汁质和抑郁质四种类型的气质。见图 4-144。

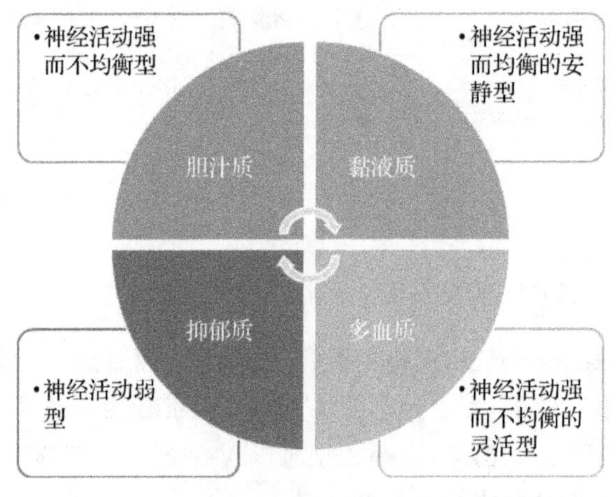

图 4-144　四种类型气质

（一）多血质型人

多血质型的人灵活好动、情感丰富、反应迅速、兴趣易变、喜欢交往，追求外观新颖、充满活力的服装，生活中没有固定的着装程式，喜欢不断地变化自己的发型和服饰，服装色彩比较浓重、鲜艳。典型的多血质气质类型的代表人物有《红楼梦》中的王熙凤、《三国演义》中的曹操。

可以看到，影视剧中王熙凤的服饰大多色彩艳丽，造型多变，符合其多血质气质，说明造型师遵循着服饰与心理气质和谐的原则。见图 4-145。

图 4-145　多血质型的王熙凤

（二）黏液质型人

黏液质的人成熟、稳重、情绪不易外露，注意力稳定不易转移。喜欢款式庄重、色彩稳重的服装，不愿打扮得过于时髦和显眼，并有自己服饰装扮的固定模式，缺乏变化。典型的黏液质特点的人物代表有《红楼梦》中的薛宝钗与《西游记》中的沙和尚。见图 4-146。

图 4-146　黏液质型的薛宝钗

可以看到，影视剧中薛宝钗的服饰造型大多款式庄重，色彩沉稳，符合其黏液质的气质。

（三）胆汁质型人

胆汁质的人热情、积极、直率、急躁，心境变换剧烈，追求服装的整体效果，不太拘泥小的细节，喜欢款式简洁、粗犷，喜欢色彩图案及服装造型对比感较强的服饰。典型的胆汁质特点的人物代表有《水浒传》中的李逵、《三国演义》中的张飞。见图4-147。

图4-147　胆汁质型的张飞

自2015年推出火爆至今的手机游戏——王者荣耀中就有以“张飞”为原型的英雄角色。张飞这一英雄角色的造型也十分符合其心理气质，款式粗犷有气势，采用了大红色作为主色，表达了人物热情的性格特征。

（四）抑郁质型人

抑郁质的人孤僻、言行迟缓、情绪体验深刻而持久，不易外露。喜欢灰暗、素静色彩的服装，不愿改变自己的服饰风格，流行对他们没有太大影响。典型的抑郁质特点的人物代表有《红楼梦》中的林黛玉。见图4-148。

图4-148　抑郁质型的林黛玉

可以看到，影视剧中林黛玉气质忧郁，服饰造型也选择了含蓄的款式，素净的色彩。蓝色是林黛玉最常穿着的色彩之一，因为蓝色代表了悲伤忧郁的情绪，贴近人物的心理。

按照人们对现实的态度和习惯化方式的不同，又可以分为外向和内向两种类型的性格。性格内向的人偏爱冷色调的、对比弱的、小花纹的服饰；而性格外向的人喜欢暖色调的、色彩浓重、对比强烈、大花纹的服饰，并对服装有强烈的关心、装饰倾向。

第五章
服饰之恋

第一节　品牌的蕴含

一、品牌的故事

在之前叙述的品牌文化底蕴中，已经引入了一些品牌故事。下面让我们一起以看故事书的角度来了解一下更多奢侈品牌的传奇吧。

（一）Versace 范思哲

詹尼·范思哲，被媒体赞誉为“上帝派来凡间的设计师”。在他最辉煌的年代，同名品牌 Versace 曾是世界上市值最高的服装公司。

1946 年 12 月 2 日出生在意大利雷焦卡拉布里亚的天才设计师詹尼·范思哲，他的母亲是个“土”裁缝，曾经开过一家名为“巴黎时装店”的店铺。童年的范思哲就喜欢学做裙装以自娱。回忆往事，范思哲曾说：“我就是在妈妈的熏陶下，从小培养出对缝制时装的兴趣。”而当时，穷乡僻壤的小镇对成长中的范思哲来说视野似乎太小了。1972 年，25 岁的范思哲只身来到米兰学习建筑设计。随后，一个偶然的机会，他为佛罗伦萨一家时装生产商设计的针织服装系列得以畅销，使商家的生意额猛增了 4 倍，作为奖励，他获得了一辆名车。这次空前的成功使他放弃了所学的建筑业，初尝胜利甘果的范思哲一发不可收拾地全身心投入到时装事业中。

1978 年，范思哲推出了他的首个女装成衣系列，在他的第一间时装店筹备就绪之时，他邀请了学习商业管理专业的长兄山图来协助管理。1981 年，范思哲的第一瓶香水问世后他又邀请在佛罗伦萨读大学的妹妹唐娜提拉来做帮手。至此，范思哲的时装王国初具规模。80 年代让热爱音乐的范思哲看到摇滚音乐在青年中的影响正不断扩大，于是范思哲便抓住了这一契机，与摇滚乐明星跨界联合，推出了摇滚服，这是他事业的一个转折点。

范思哲帝国的标志是希腊神话中的蛇发女妖美杜莎。美杜莎代表着致命的吸引力，她以美貌诱人，见到她的人即刻化为石头，这种震慑力正是范思哲的追求。

这位“上帝派来凡间的设计师”于 1983 年获柯蒂沙克奖，1986 年意大利总统授予意大利共和国“Commandatore”奖，1988 年被“Cutty Sark”奖选为最高创意设计师，1993 年获美国国际时装设计师协会奖。如今，品牌范思哲除时装外还经营香水、眼镜、丝巾、领带、内衣、包袋、皮件、床单、台布、瓷器、玻璃器皿、羽绒制品、家具产品等，他的时尚产品已渗透到了生活的每个领域。在范思哲经营品牌的时间里，他除了是一个出色的设计师，也是一个优秀的营销专家。范思哲不仅能够在最短的时间内以最快的速度形成判断、组织设计和生产销售，在激烈的市场中他还十分重视广告的作用。他关注品牌的力量，善于打名人牌，戴安娜王妃、史泰龙、麦当娜等众多好莱坞明星都是范思哲品牌的忠实爱好者，并引发了全民追捧。

范思哲品牌服饰兼具古典与流行气质，豪华是这一品牌的设计特点，那些宝石般的色彩，流畅的线条，独具魅力的不对称斜裁，使范思哲时装总是大放异彩。可惜，就在事业最辉煌的时候，1997 年 7 月，范思哲在美国迈阿密的寓所前被枪杀，一代天才设计师以如此方式与我们告别，令人怅惋。见图 5-1。

图 5-1　意大利设计师詹尼·范思哲

（二）YSL 圣罗兰

1936 年，伊夫·圣罗兰出生在法属阿尔及利亚。作为一个经营电影公司的富家子弟，电影中狂放的幻想和生活中游艇、宴会、舞会、剧院、度假等一切上层人物才有的奢侈和豪华，种下了他一生的品位和对美的渴望。

童年的伊夫·圣罗兰，每晚都由他美丽迷人的妈妈亲自抱上床。因为妈妈永远是舞会的主角，穿着纱衣长裙，环佩叮当，腮边的轻轻一吻之后，母亲曼妙的身姿闪出门外，这该是他临睡前最美的印象，小圣罗兰总是在妈妈留下的微薰香雾中渐渐入梦。

10岁的伊夫·圣罗兰许下生日愿望：让YVES SAINT LAURANT这个名字用火炬点燃在香榭里舍大道上。半个世纪之后，伊夫·圣罗兰真的看到了自己的名字被熊熊的火光燃起。

17岁时，伊夫·圣罗兰进入巴黎高级时装学院。翌年，他以一套不对称深领设计的黑色鸡尾酒小礼服裙夺下国际羊毛事务局的设计比赛第一名。

19岁，稚气未脱的伊夫·圣罗兰进入迪奥公司，公司三分之一的时装即出自他的笔下。1957年10月，老迪奥先生辞世，伊夫·圣罗兰临危受命，接下即将发表的发布会，利用黑色毛绸设计出饰有蝴蝶结的及膝时装，一炮而红，进而接任迪奥的首席设计师，此时年仅21岁。

在伊夫·圣罗兰的生命中，有一位相爱的同性伴侣皮埃尔·贝尔热。贝尔热于1930年出生，他是设计师伊夫·圣罗兰生前的长期伴侣，并于1961年和圣罗兰共同创办知名品牌圣罗兰(Saint Laurent)。

他和圣罗兰共同生活了50年，在圣罗兰于2008年离世后，他写信对他们50年生活进行了总结，告诉大家，圣罗兰是什么样的人，他们的爱情、他们的生活又是什么样的。这便是《给伊夫的信》。见图5-2、5-3。

图5-2　贝尔热与圣罗兰(个人图书馆)

图5-3　年轻时的圣罗兰(个人图书馆)

虽然两人相伴半生，但是真正以情侣身份在一起的时光大概也就15载。

那时还是2002年的初冬，巴黎非常寒冷。圣罗兰独自坐在寂静的沙龙中，他想：也许我的时代的确结束了。自从GUCCI在1999年收购YSL之后，性情孤傲的圣罗兰与当家设计师Tom Ford之间一直相处得不好。这时，65岁的他身体状况也大不如前，常年困扰他的抑郁症近来又加重了，老友们纷纷辞世也让他倍觉孤单。

然后，贝尔热来了，圣罗兰看着他，发现他们都老了。1958年，当他们第一次相遇时，贝尔热还是巴黎画家伯纳德的情人兼经纪人。贝尔热的坚毅和温柔强烈地吸引着圣罗兰，很快，他们就走到了一起。他们过了15年神仙眷侣般的日子，直到1973年法国贵公子Jacques de Bascher出现，这种默契才被打破。在和Jacques纠缠的那段时间，圣罗兰知道自己深深地伤害了贝尔热，而后者始终没有离开他。

2002年1月7日，圣罗兰宣布永久退出时装界。宣布退出之后，导演David Teboul拍摄了一部圣罗兰的传记片*YSL：His Life and Times*，其中聚集了他生命中所有最亲爱的人，当中包括他一生的缪斯女神凯瑟琳·德纳芙。如果说他曾经爱过一个女人，那就是她。可是她太聪明，而他太敏感，两人谁也不会多说一句，宁可让世人以为，那是艺术情缘吧，可是他谢幕之前，2001年底那些最后的时光，由始至终都选择牵着她的手。

二、品牌的含义

（一）品牌的基本概念

品牌，不仅仅是商标或标志，它更是企业的一种象征。对于消费者而言，品牌代表着一种归属感和安全感，它是企业和消费者沟通的重要手段，保证了企业对消费者信息的准确传达；同时，对企业自身来说，品牌意味着一种文化和纪律，它规范了企业对外传达的信息渠道。上升到企业竞争力方面，品牌是企业文化最重要的资产之一。

品牌是经过时间考验，拥有自己的品牌文化、完整的品牌生命周期、清晰的品牌定位并被消费者所认可的企业。

品牌是具有信誉度和可识别的标志的，是被赋予了价值的商标。

品牌的含义可以从六个层次去分析，分别是属性、利益、价值、文化、个性以及用户。

（二）属性

什么是品牌的属性呢？在服装品牌中，属性也可以叫作服装品牌的风格。

一般可以用优雅、知性、年轻、活力等定位名词来总结归纳一个品牌的属性。

比如GUCCI，标志由两个“G”和字母“GUCCI”组成，“GUCCI”取自品牌创始人的姓。“G”取自创始人的姓名首字母，为了标榜创始人。两个大写“G”成对立放置且相互对称，说明以顾客建立满意、互信为宗旨，为顾客打造相对立的产品。外形抽象似心形，双“G”的结合没有一丝缝隙，说明产品各方面精益求精，产品高档、豪华、独特。标志颜色为金黄色，奢华高贵，给人无可挑剔的感觉。见图5-4。

图5-4　GUCCI标志

无论是从标志的设计还是其一路遵循的设计风格来看，GUCCI都在向大家传递着一种奢华、性感、夸耀、色彩夺目的风格属性。

(三)利益

这里要解释的利益不是一种金钱转化，而是人们主观从品牌中获得的精神满足。当省吃俭用而去买一个香奈儿包包的时候，人们享受到了这个品牌带给其身份及品位的认同感，从名牌中获得了自信，得到了情感上的愉悦感。

一些人买了名牌表，戴在手上总是情不自禁地去看时间，在做一些与人接触的活动时，不自觉地将手表移到别人的视线里。这是因为高档品牌为人带去了“获得尊敬和被注意”的自豪感。

由此可见，能够提供某种情感利益的品牌往往能在竞争中取得胜利。除了身份地位认可带来的荣誉感，品牌还可以通过引起某一个时期人们的共鸣而获得大众的青睐。比如，贝纳通品牌一直致力于在广告中展现自己品牌的人性与一些社会现象的思考。这个品牌一直传递着一种人文关怀，以此获得消费者的共鸣。贝纳通曾在不同年份拍过以传递种族平等为深层含义的广告，如图5-5

所示。

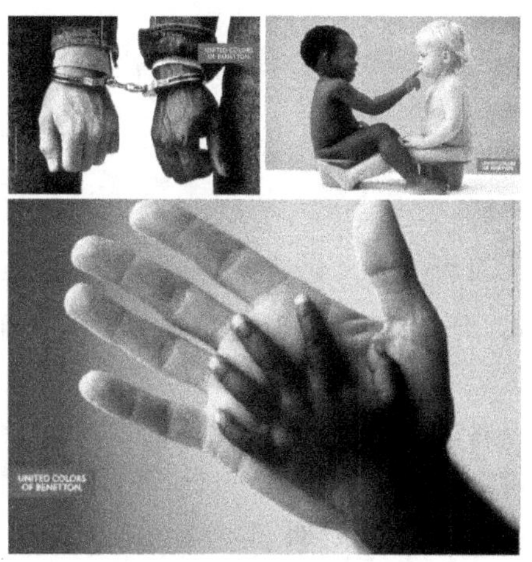

图 5-5　1989 Handcuffs(个人图书馆)

（四）价值

品牌含义中的价值其实就是它为社会某一个领域做出了某种特殊贡献，引导了某一时期人们的观念。

比如之前说到的日本设计师三宅一生，他用“一生褶”为世界文化做出了杰出贡献，为日本服装在国际上获得了更权威的位置。因此他创造了一种可以被传承的经典，这就是价值所在。东京国立美术馆还为他特别举办了一场回顾展，用以陈列这位日本设计师入行 40 多年来的经典之作。见图 5-6。

图 5-6　日本设计师三宅一生回顾展(个人图书馆)

三宅一生的品牌含义中包括将科技融入面料，创造不受任何现存框架限制的由布料与人组成的空间，等等。他的品牌强调注重未来，并不断提出制作服装的全新可能性和方法论，具有革新时代审美的重要意义。

比如1904年前后，Paul Poiret废除了近200年的紧身胸衣，参照东方和欧洲古典风格的服装，设计出新的女装，并且定期推出自己的时装系列，成为世界第一个现代意义的时装设计师。他的品牌也因此在当时具有了跨时代的价值。

（五）文化

品牌本身也可能代表着一种文化，比如麦当劳、耐克鞋就是一种美国文化。香奈儿则代表法国文化。人们会因为肯定一种文化现象，而去选择能够精准代表它的品牌。

如果一个品牌已经将自己形成一种文化，那么它就已经是一个非常成熟的品牌了。属性与利益可以复制模仿，但是文化不行，文化是靠积累与传承的，难以模仿。许多我们熟知的奢侈品品牌，服装常常是代理给一些劳动力比较低廉的国家去生产的，他们的服装生产加工成本有的并不高昂，甚至很低。但是却可以以远远高出成本的价格售卖到世界各地，并受到热捧与喜爱。这不是因为服装本身有多么昂贵，而是附着在这个品牌上，所具有的独一无二的品牌内涵有价值。

喜爱严谨高效的德国文化的人会选择“奔驰”车，但偏爱奔放浪漫的意大利文化的人就会去选择“法拉利”。为什么会如此直观地被人做为第一选择是因为他们持有本国其他品牌所无法模仿的文化内涵。

（六）个性

品牌在发展的道路上一定是强调个性的，无论是推陈出新的宣传模式还是独有的技术或独创的设计风格。

举例而言，每一个奢侈品牌都在时代的长河中，筑就了自己稳固的精神个性。比如爱马仕的匠心精神，“皮革制品造就运动和优雅之极的传统”。忠于传统手工艺，尊重匠心精神，用实际行动提醒着人们：尊重过去，延续经典，才能不至灭亡。香奈儿“LESS IS MORE”，经典的设计不需要依靠花哨的装饰去过多点缀，流行稍纵即逝，但极简的风格将会永存，这就是香奈儿女士想要告诉人们的香奈儿精神。LV的精神是“旅行即是终点，过程远比抵达重要。无所谓终点，因旅行永不结束。未到达的地方才是最爱，从不相信边界，而敢于突破边界。”提醒劳碌的人们，别忘了生活最初的模样。Christian Dior优雅不是穿上时装那么简单，克里斯汀·迪奥先生想要传达给每位女性：优雅不单单是穿上华丽的时装，更需在乎细节的修饰。Prada女人当自强，身为一个女权主义斗士，Miuccia Prada女士靠自己建起了一个王国。她的女权观念也无不投射在其时装设计作品中:不会用意大利西西里式的田园与海滨浪漫粉饰一身,不会让蕾丝和雪纺爬进女人的衣橱。Prada 女士用服装告诉每位姑娘:女人当自强。见图 5-7。

图 5-7　个性突出的奢侈品牌(搜狐)

(七)用户

用户是指品牌所导向的消费者类型。比如奢侈品品牌服务的是金字塔塔尖的这部分精英或是贵族人士。但事实上品牌用户是由品牌的价值、文化和个性等其他含义所决定的,当人们一想到这个品牌,就能清晰描绘它的用户画像时,这个品牌的含义已经根深蒂固了。

有了这六个层次的品牌含义,品牌还会去深化自己的价值文化和个性层次以保持品牌持久的生命力。我们必须意识到国际市场竞争已经跨越了产品竞争阶段,进入了品牌竞争时代。

三、品牌的特征

品牌的特征是指一种从针对的客户群角度出发的显著的品牌特质。比如ZARA 、优衣库、H&M 等品牌,它们被定义为“快时尚”,就具有“快”“便宜”“时尚”的特征。对于奢侈品品牌来说则追求匠心、工艺、传承,具有溢价、奢华的特征。而对于设计师品牌来说,强调个性、原创、小众就是它们的品牌特征。

而无论是哪种品牌特征,都是为人服务的,都是为了契合人们的需求而存在的。因此品牌的特征一定也是某种人的特质。

比如,快时尚的迅速崛起是因为它解决了当下人们的“三超”问题,即“超级懒惰”“超级个性”“超级浮躁”。用强大的团队去复制最前沿的时尚款式并用最快的速度传递给消费者,同时满足了平价和当代人追求个性的需求。又用快速的款式更替和潮流应变解决了当代人超级浮躁下对物品不持久的新鲜感的问题。因此品牌特征就是“我的款式最新，我没有自己的固定品牌文化，但我可以低价为你们复制个性化产品”。

而对于奢侈品品牌而言，它除了欧洲市场的少部分金字塔尖的客户群体外，最大的海外客户群体，就是我们中国市场。因此它的品牌特征一定程度上契合了“中国人要面子”的特征。在民族觉醒的时刻，中国人开始追求形而上的高级化的精神产物，而奢侈品就是中国的富人阶层可以用金钱直接购买和接触的实体。在购买这些物品的时候，奢侈品牌帮助他们实现了自我，完成了终极关怀。

至于设计师品牌，更多的是一种生活态度和追求差异化的行为艺术。它们只要可以生存下去，就愿意以最大的成本去实现理想化形态的设计。创立设计师品牌，是一种自我的表演，更多的是一种艺术价值的体现，是精神上的叛离与柏拉图式的自我实现。设计师品牌是为小部分能够理解自己的艺术，能够认同自己价值轨迹的人群服务的。

第二节　设计师与品牌文化

一、中国元素

中国当今的服装产业竞争已经进入品牌竞争的阶段。将“中国制造”转换为“中国创造”，发展中国独立设计师品牌。

过去，中国的强势品牌很少，我们总是为国外的强势品牌制造商品，却遗忘了为自己发扬中华民族文化，传承本土精神与技艺。随着民族的强大，整个国家的自我意识开始觉醒，越来越多的年轻设计师开始去关注那些被我们遗忘的手工技艺和民族图腾。

以太平鸟与李宁为例：2018 年纽约时装周官方场地 Skylight Modern 被亮眼的中国元素所包围，首先登上这方舞台的是李宁。李宁这次专门以“悟道”为主题准备了一批秀款，从设计、面料、剪裁到工艺，无不将中国元素与世界潮流相融合，被知名时装商业评论 BOF 形容为“这个系列是一封致年轻人的情书”。秀场最后 6 位设计师联袂谢幕的刹那，现场很多中国媒体、买手情绪到达了顶峰，无比自豪今天的中国品牌不但有速度，更有站在顶尖时装周舞台上得到的尊重和点赞。

太平鸟延续了这种热烈的氛围，在这次天猫纽约中国日海外处女秀上，太平鸟唤醒了这一代年轻人的校园梦，选择了怀旧的 20 世纪 80、90 年代“严肃活泼”

的广播体操配乐，提炼出中式的运动休闲校园风，凸显简单、真诚而毫不费力的年轻时尚气息。

中国元素已经不仅仅取材于传统山鸟牡丹、书法等纹样了，还取材于能够体现中国文化的一些现象、传统技艺等，中国元素的运用学会了紧跟现代步伐，用时尚的语言诉说古老的文明。见图 5-8。

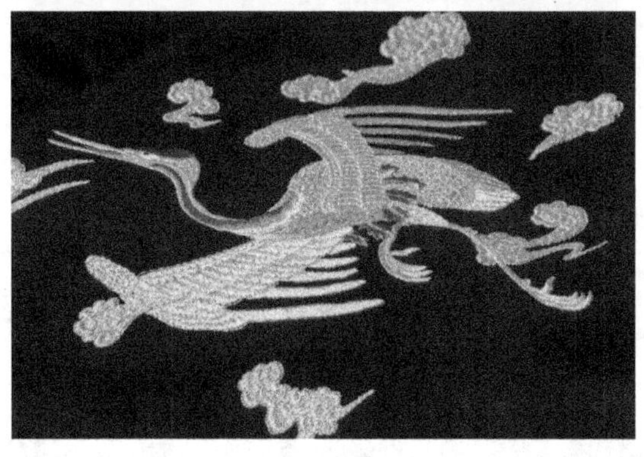

图 5-8　李宁“悟道”系列(搜狐)

这两个品牌这次对中国元素的诠释，改变了中国设计在我们脑海中固有的形象，让人眼前一亮。太平鸟以“新学生主义”为本次设计的主题，在设计中加入了中国学生典型的大大的值日袖套，黑色的“红领巾”，超大的手拎包等，每一个元素似乎都还原了少年时代的精气神，如图 5-9 所示。

另外我们可以看到中国汉字开始大量运用到设计中。中国，从甲骨文与殷文开始，文字就紧密地和服装纺织联系在一起，成为一个不可分割的整体文明与文化。穿越时空，一直延续到今天，是世界文化史上唯一传承着、运用着的瑰宝。当所有的古文明的服装都在墓穴中灰飞烟灭时，只有中华古老的文字与中国历朝历代的服装，相依共存，相互记录与印证，一起走过历史时空，一直走进现代。文字

图 5-9 太平鸟“新学生主义”(搜狐)

记录了中华民族的历史,而服装作为一种人类生命文明的载体,重新诠释了文字。

从 2013 年 Vivienne Tam 的这场以中国汉字元素为主的设计中可以看到汉字可通过拆解设计重组构成适宜当代运用穿服的服装元素,如图 5-10 所示。

图 5-10 纽约,Vivienne Tam 2013 中国元素秋冬发布(凤凰网时尚)

2018 年 6 月 4 日至 9 日,在恭王府推出“锦绣中华——中国非物质文化遗产服饰秀”系列活动。这次活动中,郭瑞萍携 58 套精心设计的非遗服饰,让观众领略了传统文化传承与时尚设计创新的结合之美。

这场服装秀的主题为“白鹭为霜”。“白鹭为霜”又以二十四节气为灵感,选取白露时节,微冷意境,灵溪晨雾中,白鹭遗世独立、清雅灵动之姿。“蒹葭苍苍,白露为霜,所谓伊人,在水一方。”“露”“鹭”同音,“鹭”若伊人,隐约可见却遥不可及……溯洄从之,道阻且长,追逐梦想又何尝不是如此……

设计选取最恰当的工艺，以纯净质朴的天然色彩，结合隐约山水意境，营造自然静谧氛围；仿绗缝、乱针绣的针织纹路，精致立体组织和流苏装饰，衍生出对手作精神的崇拜。

取之自然，甄选细腻柔软的高品质美丽诺羊毛、棉麻等丝线，结合顺滑而带有灵动光泽的优质透明丝、金银丝等丰富的纱线品种，赋予变化多端的针织工艺与高级定制式的繁复手工，打造精致的表面肌理与层次丰富的款式设计。

色彩上选取沉静的蓝绿色系、温润的灰粉驼咖色系、至纯无垢的纯白色系等高级色彩，带来舒适优雅的视觉享受，表现针织设计的多元化与独特魅力的同时，体现着优雅而时髦的设计理念和对二十四节气精神的延续。见图5-11、5-12。

图 5-11　非物质文化遗产服装秀“白鹭为霜”纯白色系(VOGUE)

图 5-12　非物质文化遗产服装秀“白鹭为霜”蓝绿色系(VOGUE)

以上这些品牌对于中国元素的运用可以让我们了解到中国风还是需要国人设计师自己的解读与深入挖掘，只有中华儿女才可以更加有深度地将我们的中国理念搬上国际舞台。

二、设计师与品牌风格

服装企业的设计师与品牌风格之间是相互依存的关系。在不同服装设计师的理念引导下，逐渐形成品牌产品的固定风格。这些风格会吸引到一群肯定设计师思想的顾客群。

一个品牌的风格会因为设计师的换代产生轰动。年轻的设计师不断传承过去风格的基础上进行自己的创作，逐渐将风格变得有个人特色。比如家喻户晓的约翰·加里阿诺，他在纪梵希隐退后，迅速登上历史舞台。他向往 19 世纪 50 年代的伦敦和 20 世纪 20 年代的巴黎生活，喜爱那些年代的风情、艺术与服装。平时他最大的乐趣莫过于逛博物馆和俱乐部，因为那里能唤起他的创作灵感，所以他的作品融合了英国的传统和世纪末的浪漫，加上戏剧化的衬托，产生了一种难以抗拒的吸引力，令人耳目一新，难以忘怀。戏剧化的舞台效果为纪梵希品牌本来优雅高贵的风格注入了新的注解。

随着中国经济的高速发展，我们自己本土也孕育了很多优秀的服装设计师与他们的品牌。

(一)兰玉

兰玉设计师，2005 年创立个人工作室，2008 年毕业于北京服装学院。兰玉善于将中国传统苏绣技艺与西方高级材料巧妙结合，并将中国第一代版型师的柔美工艺及西方现代设计力学融会贯通，使得所有人在她的设计作品中读到了中西方的融合之美。见图 5-13。

图 5-13　设计师兰玉(360 图片)

作为苏绣作坊传承人的女儿，她将中国人自己的匠心技艺搬到了国际大舞台上。事实上，在中华五千年的文明历史长河中，有着许多精美绝伦的艺术作品。如果仔细去挖掘，会发现许多特殊的纹样描绘技巧和独到的面料材质制作工艺。

“将中国文化融入服装设计，于我而言是很自然的事情，因为我很喜欢。”兰玉有很深厚的唐宋情怀，她一直将宋徽宗称作自己的男神。在她的设计作品中，经常能看到云肩、缂丝等极具东方代表性的元素，“一顾·再顾”系列作品将汉服的“交领右衽”“系带隐扣”等特点与现代元素融合，再现李夫人“一顾倾人城，再顾倾人国”之绝美风姿，以竹青色、鸦青色、檀色、黛蓝色、胭脂色等色彩烘托东方禅意，如图5-14所示。以宋徽宗的瘦金体和工笔花鸟为灵感来源的“蝶舞迷香”系列更融入了兰玉感性的爱。绝美而悲凉的书画化身苏绣，徽宗生不逢时的人生境遇与女性的爱情观相互照应，上演了一出极具东方美学特质的服装秀，如图5-15所示。向世界传递东方雅致之美，是兰玉的梦想。

图5-14 (Lan-Yu) 2015秋冬“一顾·再顾”高级定制系列(海报网)

图5-15 Lan-Yu Haute Couture 2015春夏“蝶舞迷香”系列(网易女人)

从事着传统的服装制造业、出身于苏绣作坊的兰玉一方面应和着手工艺人的匠心传承，一方面又在走向世界的过程中推动中国制造向中国创造的转型。

(二)张肇达

张肇达，1963年出生于广东省中山市，现任中国服装设计师协会副主席、亚洲时尚联合会中国委员会主席团主席、清华大学美术学院兼职教授(见图5-16)。他是20世纪80年代走向世界的中国时装设计的拓荒者。1991年创立"MARK CHEUNG"品牌,推出高级女装系列。

2017年11月5日,M13系列张肇达新中式2018系列成衣秀于梅赛德斯-奔驰中国国际时装周盛大发布。M13系列是张肇达近年力推的新中式成衣系列,本次与国际设计师集成平台D2M合作,共同推出M13最新一季的成衣系列。

图5-16 张肇达(百度百科)

本季发布延续M13新中式系列的极简主义理念,将传统的中式符号解构,赋予其新的设计形式,追求将中式气韵以更舒适、时尚、简洁的设计呈现。在整体设计上,通过颠覆传统比例的中式大褂、衣摆、衣袖及束腰长袍,破坏传统制式的设计语汇,在中式传统的含蓄中,呈现年轻活力和时尚感。在保留中式立领和对襟的基础上,打破中式的穿衣结构,用透明度高的欧根纱作为里衣,用轻透的面料搭配廓形宽松的长版外套,减少传统中式衣服叠加后的厚重感,营造细腻飘逸的层次感。见图5-17。

图5-17 M13系列张肇达新中式2018系列成衣秀(人民网)

他的品牌始终坚持简约而不简单。以高品质针织品为主导的多元化女式服装产品组合,以满足日常搭配穿着为产品设计初衷。品牌主要为30~50岁,有着积极、热情的生活态度,并追求高雅、慵懒的时尚生活方式的都市中产阶级女性服务。

(三)李琳

在别人眼里,李琳过着许多人都向往的生活:去国外旅游,做着自己喜欢的服装设计,开自己喜爱的车。但和她聊天,会感觉到,李琳其实是一个很低调、很认真的人，对记者的提问也好，对自己的事业也好，都是如此。

李琳是浙大化学系的毕业生，这使得她选面料和染料全部是采用天然材质。她认为有些染料对人体有害，也有一些染料在经过洗涤后会对环境有影响。虽然她的这番心思在衣服上是看不出来的，但她宁可成本高一点，因为她是一个环保主义者。见图 5-18。

图 5-18　李琳(VOGUE)

她于 1994 年创立江南布衣(JNBY) 品牌，作为中国本土设计师品牌之一，创建地为杭州。江南布衣在中国主要以发展与管理品牌经销商来销售服务其品牌产品，到目前已发展了上百家经销商，遍布中国一、二线城市，终端销售卖场达 500 多家，并同时建立了在俄罗斯、格鲁吉亚、西班牙、日本、新加坡、泰国、韩国等国家及台湾地区的品牌终端销售与服务体系。江南布衣品牌也成长为中国最有特征差异及综合影响力的品牌之一，并已得到其他国家及地区消费者的认同与接受。

当李琳还是个化工专业学生的时候，她应当是未曾料想，如今她和她的江南布衣会成为杭派女装的代表。李琳绝对算不上是个勤奋的设计师，这几年里，每年有一半时间她都在满世界游逛，哪怕人在杭州，通常上午也不会出现在公司里，从中午开始工作到傍晚，然后又会驾着她那辆标志性的复古款吉普，在西湖南北，呼朋唤友。然而这并不影响江南布衣稳健地发展。她不喜欢掺和时尚圈，甚至对设计师这个身份她也觉得不过如此，店铺里的小姑娘唤她作“老板娘”，她笑笑答应，也很欣然。这样的心态和做派，正是典型杭州人的腔调，不经意间成全李琳的时装梦想。

江南布衣品牌推崇“自然、健康、完美”的生活方式，“Joyful Natural Be Yourself”这四个单词很好地诠释了江南布衣的品牌理念。这与设计师李琳的生活态度息息相关。

江南布衣品牌设计主要定位于这种生活方式或崇尚这种生活方式的都市知

识女性，心态年龄在 20～35 岁之间，并从这个群体的生活样态为依据，设计开发服装、服饰品、居艺用品，设计风格浪漫、丰富，自然色系与色彩沉稳、雅致，不盲从流行但始终时尚，材质多用不同肌理、风格的纯天然面料，如棉、麻、毛、丝等。见图 5-19。

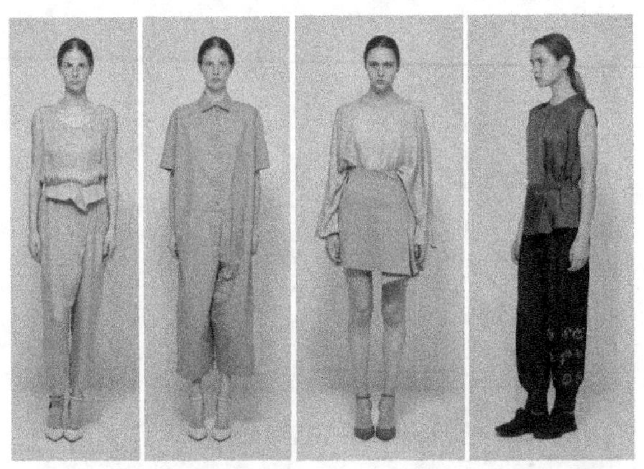

图 5-19　JNBY 2018 SS(JNBY 官方微博)

江南布衣女装除了专于材质的研发与工艺提升，近年来更注重“现代、活力、意趣、坦然”并存的美感，并且将 Feminine(女性化) ＋ Leisure (休闲)两个概念结合，塑造 Femleisure 的女性形象。年轻、无国界的粉丝群像构建包含了品牌主线的风格，使江南布衣更年轻化，国际化。

时尚的推文，无不体现江南布衣取材生活。如图 5-20 所示。

图 5-20　JNBY 2018 春夏的水果系列 (JNVY 官方微博)

第三节 品牌的挚爱

一、挚爱的故事

品牌的故事一般都开始于它的创始人，而这些艺术大师们又与完美演绎他们作品的女神一起编写了一出出惺惺相惜的挚爱故事。

(一)范思哲与戴安娜王妃

1997年，有两个世界名人离开了。一位是范思哲，另一位就是被誉为“20世纪最有魅力的女人之一”的戴安娜王妃。

他们在生前就是非常好的朋友。范思哲是戴安娜王妃非常青睐的一位时装设计大师。范思哲十分懂得戴安娜王妃在时装方面的心思，他喜欢为她设计一些特别的晚装，让喜欢戴安娜王妃的人们感受到王妃独特的风采。而喜欢给戴安娜王妃设计服装的范思哲，则通过戴安娜王妃的“示范效应”，使自己的品牌在英国的声望与日俱增，并迅速传播到整个世界。

戴安娜王妃留给我们的除了她和查尔斯王子还有卡米拉的复杂情网关系外，还有她靓丽高贵的独特气质。她“衣架子”般的天然好身段在穿着范思哲为其设计的服装时，向我们演绎了女神与艺术品的完美融合。

英国式的设计过于保守和严谨，虽然能很好地衬托出戴安娜的大家风范，但也不可避免地淡化了戴安娜的个性。范思哲为戴安娜设计的晚装则不同，戴妃的活力和热情呼之欲出。如图5-21所示，范思哲给戴安娜设计过一套蓝色单肩

图5-21 范思哲将9岁画出的手稿改造为戴安娜王妃的定制长裙(花瓣网)

晚装，选用的是很娇艳的蓝色绸缎，身着此装的戴安娜像夏日阳光下一泓流动的海水。裸露单肩的设计，有一种装饰味很深的建筑美。

（二）纪梵希与奥黛丽·赫本

2018年3月12日，91岁的纪梵希离开了我们。这或许注定是一个传奇谢幕的年代，但传奇也注定不死。纪梵希走了，但他的才华、与奥黛丽·赫本的情谊，却永远留在我们心间。

纪梵希与赫本的第一次合作，是一场阴差阳错。

纪梵希出生于巴黎诺曼底的艺术世家，父亲是矿山业主，家庭富足，而他本人身高198厘米，长得也帅，是个有颜又有钱的富二代。一心想搞设计的纪梵希，遇上了20世纪50年代时装产业的黄金发展期，25岁时便成立了自己的时装工作室。

而这些人当中，便有刚拍完《罗马假日》，拿下奥斯卡最佳女主角的冉冉升起的新星——奥黛丽·赫本。赫本还用拍《罗马假日》的部分片酬，买了一件纪梵希大衣。见图5-22。

图5-22　奥黛丽·赫本与纪梵希（环球人物杂志）

拍完《罗马假日》后，赫本接到一部戏——《龙凤配》，讲的是灰姑娘变身白天鹅的故事。导演让赫本自己去挑选戏服，赫本本想找巴黎世家的创始人来设计，但对方没有时间，她便找到了纪梵希。纪梵希知道有位叫“赫本”的明星要来选戏服，以为是当时赫赫有名的“凯瑟琳·赫本”，没想到找上门的却是一个一头短发、穿着休闲窄脚裤的邻家女孩。纪梵希没有把赫本放在心上，再加上当时他的工作室才成立一年，只有有限的几台缝纫机，而他也正在为新一季的时装周做准备，根本抽不出时间为赫本设计戏服，于是他拒绝了赫本。

谁知赫本说："那就从上一季的衣服里选吧！"

纪梵希惊讶于这个小女孩的坚持，而当赫本挑出过季时装穿上时，纪梵希被惊艳了：这个女孩对于时装的认知，有一种旁人难以企及的天赋。

那一年，赫本 24 岁，纪梵希 26 岁。没有人知道，一段跨越 40 余载的时尚界情谊已经拉开了序幕。

穿上纪梵希设计的服装的赫本，在《龙凤配》中有着相当惊艳的表现，其中，赫本在宴会上穿的一套晚礼服，成为好莱坞历史上最重要的戏服之一，《龙凤配》也赢得了奥斯卡最佳服装设计奖。见图 5-23、5-24。

图 5-23　奥黛丽·赫本与纪梵希(环球人物杂志)

图 5-24　奥黛丽·赫本与纪梵希(环球人物杂志)

但当时，一个名叫 Edith Head 的设计师抢了纪梵希的功劳，赫本知道后特别气愤，她要求 Edith Head 给纪梵希道歉，并说："以后我的每一部电影，都要由纪梵希为我设计！"因为赫本的这句话，两人之间的关系不再只是合作，而是惺惺相惜。纪梵希也对赫本说："我愿意为你做任何事。"

自那之后，纪梵希为赫本设计了 80%的戏服，《滑稽面孔》《午间的爱》《蒂凡尼的早餐》《谜中谜》……纪梵希成了赫本的首选。两人只要合作，必定掀起一阵时尚风潮。见图 5-25、5-26。

图 5-25　奥黛丽·赫本《谜中谜》丝巾造型(环球人物杂志)

图 5-26　奥黛丽·赫本《窈窕淑女》中浮华礼帽造型(环球人物杂志)

除了戏服，赫本生活中的服装，纪梵希也没有缺席。赫本第二次结婚时所穿的婚纱、儿子受洗时穿的礼服，都出自纪梵希之手。

只有在特别紧急的情况下，购买不到纪梵希的服装，赫本才会选择其他品牌。即便如此，她还会给纪梵希打个电话，说："纪梵希先生，请您不要生我的气。"

赫本曾对纪梵希说："你的衣服给予了我电影角色应有的美感和生命，当我穿上你设计的衣服时，我就能进入角色的生命中。"

而对纪梵希来说，只有赫本的魅力才足以匹配他所设计的服装，"赫本的美丽，是我旗下任何一个模特都无法比拟的，是她让我看到了服装的新生命"。

纪梵希与赫本在工作上的风格也很相似。他们都追求完美，对细节要求很高。赫本可以为了试一套衣服几个小时不动，就那么站着；纪梵希也可以为了衣服的一个小细节，不断地改进。彼此成就，互相欣赏，所谓知音，当是如此吧。

赫本与纪梵希，都非常珍惜这段超乎恋情，又不同于亲情的情谊。

1957 年，纪梵希以赫本为灵感，为她特别调制了香水"禁忌"。这款香水调制出的头三年，只有赫本一人在用，三年之后才上市。

"禁忌"后来也成为赫本唯一使用的香水。但每次买"禁忌"，赫本都自己掏钱，丈夫和经纪人不理解，她说："纪梵希可是付钱看我的电影的呀！"

在她看来，私人友谊不应被金钱所玷污。

从 1953 年初次见面，到 1993 年赫本去世，40 年时光，纪梵希自从进入赫本的生命，就不曾缺席她人生的任何阶段。

赫本虽然在电影上有着超人的成就，但情感路一直很坎坷。她经历过三段婚姻，前两次都以丈夫出轨告终，直到遇到第三任丈夫，才稳定下来。而在这期间，纪梵希一直陪伴在她身边。

步入晚年的二人，经常相伴在塞纳河畔散步，她早已不再叱咤电影圈，他也退居时尚二线，别人口中的传奇即将落幕，可对他们而言，有彼此陪伴，闲聊几句，便是最美好的生活了。见图 5-27、5-28。

后来赫本病重，无法乘坐普通飞机，纪梵希用私人飞机将她送回瑞士。在飞机里，他为她装饰了满满一飞机的鲜花。赫本含泪道："只有他，还始终记得我的喜好，把我当成小女孩来宠。"

赫本去世前，留给纪梵希一件大衣，她说："当你觉得孤独，穿上这件大衣，就好像我紧紧拥抱着你。"

1993 年，赫本永远地离开了。陪着她走完最后一程的抬棺人，是她生命中最重要的 5 个男人，除了丈夫和儿子，其他便有纪梵希。

赫本走后，纪梵希一直保留着赫本试穿衣服的人体模特，就当她还在吧……

多年之后，纪梵希回忆起赫本，依旧会深深地感慨一句："在每一场发表会上，我的心，我的笔，我的设计都是跟着她走……"

图 5-27　奥黛丽・赫本与纪梵希晚年照(环球人物杂志)

图 5-28　奥黛丽・赫本与纪梵希(前《时尚男生健康》时装总监)

如今,纪梵希也走完了他的一生,而他们终于再次相会。

也许此刻纪梵希正在天堂为他的毕生知己设计华裳了吧。

(三)伊夫・圣罗兰与凯瑟琳

很多人认为伊夫・圣罗兰(Yves Saint Laurent)与凯瑟琳・德纳芙(Catherine Deneuve) 是因《白日美人》(*Belle de Jour*)而相识,其实不然。他们的初次相遇,源于凯瑟琳决定要为会见英国女皇买一条 Yves Saint Laurent 的晚装裙。"我那时 22 岁,第一次来到 Spontini 大街,正是他当时工作的地方,"德纳芙回忆他们的相遇时说道,“那是 1965 年,我拿着从 *ELLE* 杂志上剪下的一条上一季裙装的图片,在场所有的人都因为我这个年轻而几乎毫无名气的女子要买一条高级定制礼服而感到可笑,也就在那一刻我们相遇了。此后我变成了圣罗兰工作室的常客。”

只是,真正奠定了他们友谊基石的是在《白日美人》中的合作。凯瑟琳在这部剧中扮演白天是高级妓女、夜晚是良家主妇的双重生活,圣罗兰依据角色的双重身份及德纳芙标准的法式美人特征设计了一系列服装,与德纳芙的演绎完美契合。开场树林片段中的军装风红色金扣外套、各样优雅绰约的直筒连身裙(shift dress)、接客途中的 PVC 亮胶黑风衣、在古堡扮僵尸的黑色透视长衫裙,没有什么 YSL 的品牌印记,却都如影随形地呈现了他眼中的巴黎女人风貌。在迷你短裙盛行的那个年代,圣罗兰却极力说服导演路易斯·布努埃尔(Luis Buñuel)不要让德纳芙穿着过短的裙子,他认为电影是无需屈从于当下流行的,而应该在任何时代都值得被欣赏。事实也的确如此,多亏了圣罗兰为德纳芙打造的电影造型,它们在今天看来仍旧时髦得体。见图 5-29。

图 5-29 《白日美人》剧照(VOGUE)

从那以后,凯瑟琳·德纳芙不仅是圣罗兰秀场上的座上客,而且在每次新作发表前,她也会自愿充当模特儿,为之宣传,两人间的友谊为人传诵一时。可是她太聪明,而他太敏感,两人谁也不会多说一句,宁可让世人以为,那是艺术情缘吧,可是他谢幕之前,2001 年底那些最后的时光,始终都选择牵着她的手。

二、品牌的奥秘

什么是品牌的奥秘呢?简单来说就是品牌如何成为长青树,在危机与时代的的快速更替中屹立不倒。

(一)品牌的力量

首先毋庸置疑的是一个品牌之所以能从同行中脱颖而出被称为品牌，是因为它是具有无价的力量的。这些无价的力量中包含有很多特质，比如，严格把控的质量、超乎寻常的体验、独特及悠久的品牌故事和文化积淀等等。

人们在挑选产品的时候，品牌在他们心中的惯有形象和关键词对他们起着至关重要的作用。人们习惯于信任口碑好的品牌，在觉得合适时有一定的忠诚度。

我们会对一些生活中的品牌有非常深刻的印象。比如，一想到可乐，我们会在脑海里蹦出可口可乐；一想到动漫主题的游乐场我们会想到迪士尼乐园；买洗发水去屑我们会想到海飞丝；这些生活中无形影响着我们判断的力量便是品牌奥秘的第一要素：好的口碑的建立。

(二)百年坚守，匠心打造

以奢侈品品牌为例，我们常常可以听到它们一遍遍在重复着自己的百年故事，强调自己在某一方面的专攻与技术传承，比如，爱马仕以自己百年传承的制作皮具的技术为优势，定制一件品牌精品包包要从头至尾由一人缝制，并打上编号。这既是为了方便顾客的修理，更体现了工匠对自己手艺的自豪感。为了买经典的凯丽包，顾客可能要等上很久。但是也是这份等待为品牌工艺在消费者的心中打下了高级、匠心的品牌印象与记号。

随着时代的变化，快时尚行业迅速崛起，然而追求高品质的中下游品牌就要坚守初创品牌时的初心，能够在快餐式消费巨大的盈利诱惑下依然静下心来做自己的传承和设计。

品牌与人的生命一样，有生老病死，跌宕起伏。要做到百年常青必须要有前瞻性和坚持不懈的努力以及坚定不移的信念。

(三)生生不息

在坚守商业信仰的同时，任何一个百年品牌又都是与时俱进的。通过创新掌握品牌命运就是逆水行舟，不进则退的必然结果。任何一个百年品牌在时代的变革中都会问自己：我是祖母级的品牌么?

著名服装品牌 BUBERRY、亨利·普尔，作为引领时尚的奢侈品服装品牌，过去也有过市场大萧条，然而在其推出高档的定制服务、个性化的高端服务水平之后，很快就赢得大量的市场，并一举成为皇家贵族的专宠。

(四)根植于心

商业模式是品牌发展的重要力量，找到符合企业自身的品牌营销模式是企业赢得市场的利器。品牌是通过市场营销使客户形成对企业品牌和产品的认知过程,企业必须构建高品位的营销理念。

以 GUCCI 为例,奢饰品牌售卖的是它的价值,GUCCI 紧紧把握这点。更难能可贵的是它用最直白的方式告诉你“我的服装要表达的就是这个”。

它从艺术的各个方面切入去宣发自己,如音乐、文学、绘画、电影、摄影等等。GUCCI 让摇滚音乐家穿上自己品牌的服装,成功将摇滚复兴的概念植入产品。歌手的加入,带来粉丝效应,引起摇滚迷的精神共鸣,方式粗暴简单却有效。见图 5-30。

图 5-30 摇滚歌手穿上 GUCCI 品牌的服装(GUCCI 官网)

于我主观而言,文字的力量是巨大的。光有文字的传播也许空乏,但是那些已经化为经典的、启迪的、教育的文字啊,是泛着艺术价值的无价之宝。如图 5-31所示,是 GUCCI 在安吉莉卡图书馆(Angelica Library)【欧洲历史上第一个公共图书馆】取景拍摄系列形象画册。文学感最直观的传达方式也许就是这充斥书香的意蕴。

图 5-31 安吉莉卡图书馆(GUCCI 官网)

GUCCI 的纹样花色与这位迅速火起来的话题插画大师 Helen Downie 的绘画风格不谋而合。选择具有传奇感的画师自然随着画师的热度将人们的视线聚集到了自己的品牌作品中。人们会想,“你们会如何合作?这个传奇人物会如何去表达 GUCCI”?见图 5-32、5-33。

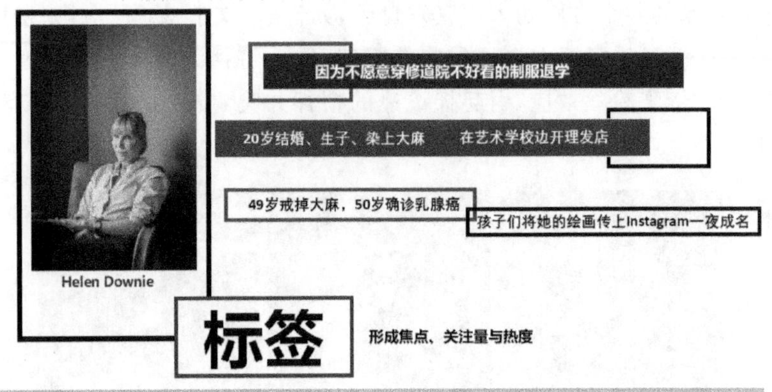

图 5-32　插画大师 Helen Downie 的标签

图 5-33　插画大师 Helen Downie 的作品

于是,GUCCI 用这样与各艺术门类跨界合作的方式在大家的心中根植了高端奢侈品牌应有的品位与艺术高度。

(五)全球化

全球化成为历史的必然,扁平的星球通过复杂的市场和差异巨大的文化考验品牌全球化策略的生存能力。企业不仅要利用本国的资源条件和市场,还需要利用国外的资源和市场,进行跨国经营,成为国际性的大品牌。

能否做到全球化，是现代企业能否做大做强的重要指标。打开国际市场，并不只是把现有的产品卖到国外去，还要考虑很多。盲目行之，就会一败涂地。在全球扩张的同时，充分考察国外市场，结合当地的风土人情，做到生活方式本土化是品牌走好国际化路线的重要方法。

三、品牌的选择与匹配

其实选择品牌服装的时候，是一个场景化、多维度的立体思考过程。经过对自身或者顾客喜好以及日常需要出席场合的综合考虑后可以选出几个特别适合自己风格且有比较多场合去穿用的品牌。

下面我们以一位大学服装学院的教师选择与匹配她的日常穿着品牌为例：

这位大学教师的基本特点和个人喜好得出的穿衣倾向如图 5-34 所示。

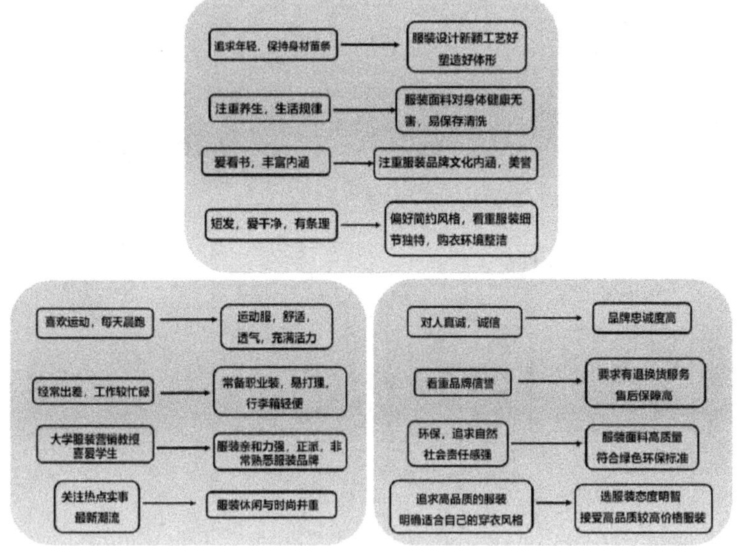

图 5-34　大学女教师的穿衣倾向

根据她的这些穿衣倾向，可以找到一些适合她的服装品牌和适用的场合，我们以夏季服饰为例，可以像下面这样去为她做一些趣味搭配。

● 搭配一：夏季运动篇——夏季晨练装（见图 5-35～5-41）

搭配目的：打造整套晨跑运动装。

搭配内容：运动内衣，运动外套，运动 T 恤，运动裤，运动背包，跑鞋，配饰。

服装品牌：Nike

呈现效果：穿上舒适时尚的运动服，充满活力地开始新的一天。

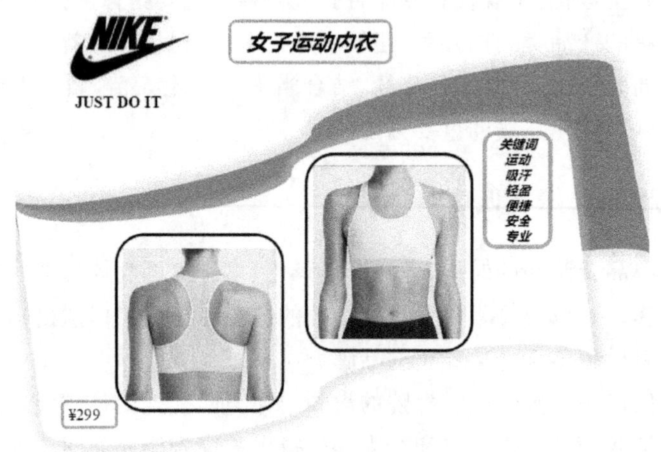

图 5-35 搭配系列一

图 5-36 搭配系列二

面料:Dri-FIT 可快速吸湿排汗,使皮肤持久保持干爽舒适。

款式:网眼布露背设计增加透气性,提升运动自由度。

加垫衬里包裹效果出众,穿着舒适。

细节:贴合身形的缝纫技术,巧妙搭配下胸围弹力带,提升贴合感和支撑度。

色彩:白色干净简洁,不吸热。

面料:Dri-FIT Cool 面料可有效吸湿排汗,使皮肤持久保持干爽舒适。锦纶和聚酯纤维纱线打造轻质无缝面料,这种面料可使肌肤有光滑感。

图 5-37　搭配系列三

图 5-38　搭配系列四

款式：内嵌式袖管塑造流畅，不拘运动自由度。加长下摆以提供出色的包裹效果。

细节：后背中央的线绳收纳环可助你固定媒体播放器线绳；光元素设计，加强昏暗光线下的可见度。

色彩：荧光黄，时尚。

面料：坚固防撕面料，Dri-FIT 这种面料可使皮肤保持持久干爽舒适，是一

图 5-39　搭配系列五

图 5-40　夏季晨练装整体搭配

种巧妙融入具有排汗吸湿性的弹力面料。

款式：腋下和两侧加入弹性拼接，缔造流畅自如的运动感受。

肩部添加富有纹理感的图案设计，实现出色耐久性。

立领搭配潜水式连帽设计，结合可拉至下巴的全拉链开襟。

细节：茄克可收纳至侧面口袋中，打造便利收纳体验。

色彩：黑＋荧光黄，时尚，耐脏。

面料：Dri-FIT 面料使皮肤持久保持干爽舒适。

弹性面料塑造非凡运动自由度。

款式：宽版弹力腰部搭配内置抽绳，后身拉链口袋。平整拼接结构带来顺滑

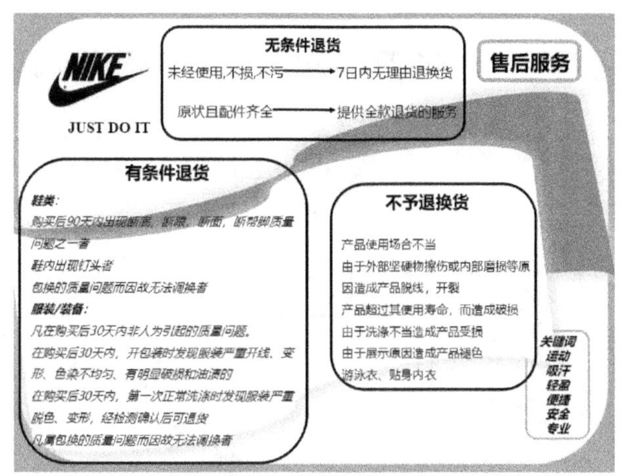

图 5-41　为什么选择 NIKE

亲肤感。

细节：两侧下部和后膝融入网眼布拼接设计，打造精准的透气效果。

色彩：黑色，百搭，简约。

面料：鞋面采用弹力十足的聚酯纤维纱线，贴合脚型无缝一体式鞋面，带来完美贴合的支撑效果。无弹力鞋跟材质，打造出色结构和支撑效果。鞋尖底部采用纯色橡胶设计，有效增强抓地力与耐磨性。

款式：不对称鞋带有效减轻鞋带压力。

模压鞋垫模拟自然足形，有效提升支撑力。

华夫活塞式外底有效减震，增加灵敏度。

细节：超轻薄的中底和圆形鞋跟，结合后跟与前掌的 6 毫米高差设计，获得自然体验。女士 8 码仅 173 克。

六边形弯曲凹槽带来全方位自如体验。

中底次级凹槽提升运动自由度。

色彩：荧光黄，定制色，整体搭配服装。

● 搭配二：夏季日常装篇——夏季生活装(见图 5-42～5-47)

搭配目的：提供日常生活上课时尚夏季套装。

搭配内容：T 恤，长裤，鞋子，包，帽子。

服装品牌：Y-3(了解喜欢并经常购买的衣服)

呈现效果：活力时尚，精神。为一天的工作增添色彩。

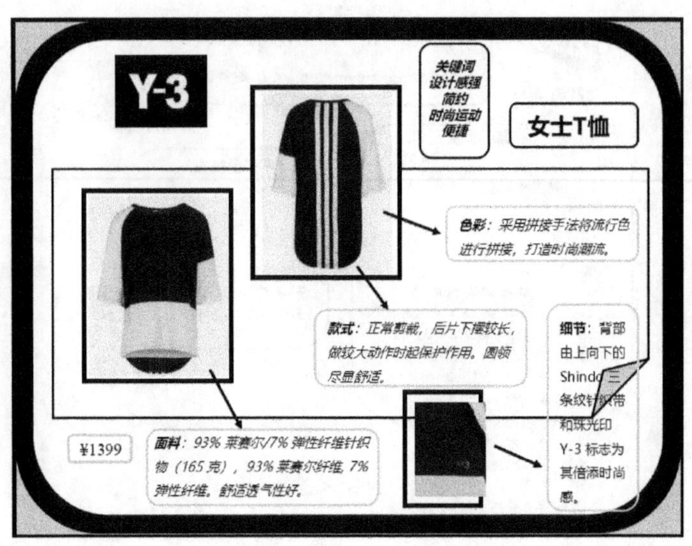

图 5-42　夏季日常装——上装

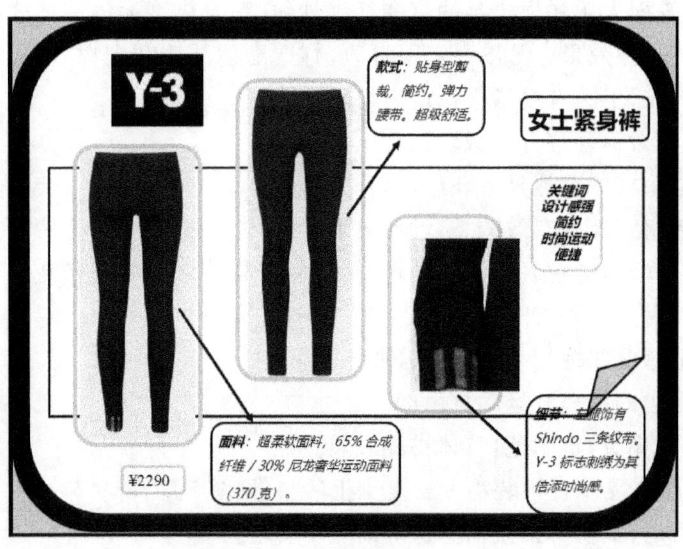

图 5-43　夏季日常装——下装

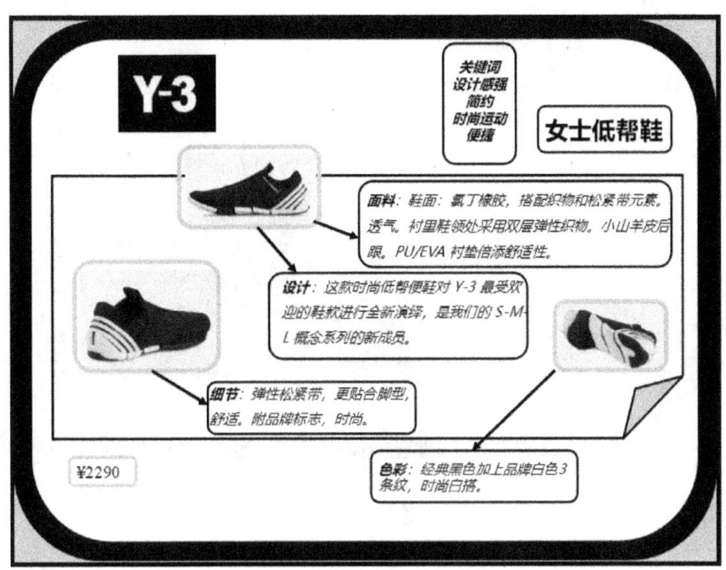

图 5-44　夏季日常装——鞋子

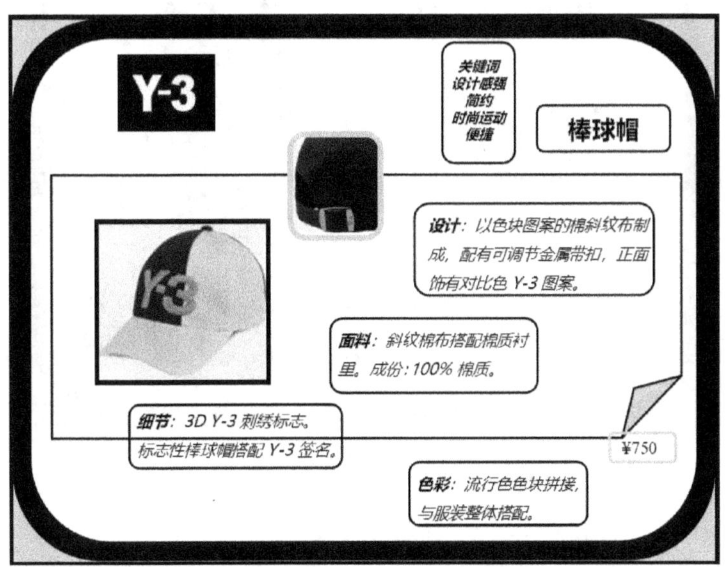

图 5-45　夏季日常装——帽子

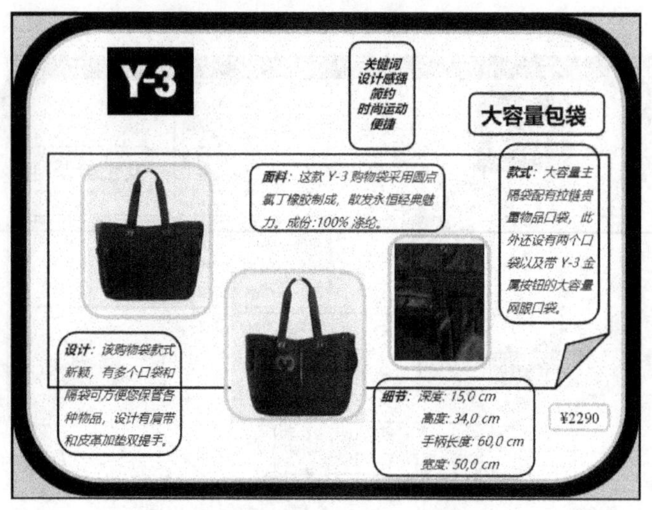

图 5-46　夏季日常装——包袋

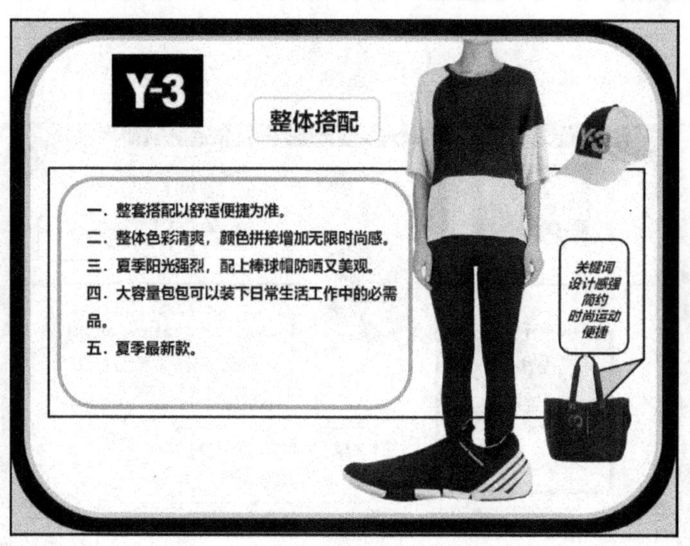

图 5-47　夏季日常装——整体搭配

● 搭配三:夏季聚会装篇——夏季聚会装(见图 5-48～5-51)

搭配目的:休闲聚会必备。

搭配内容:长裙,渔夫遮阳帽,太阳伞。

服装品牌:Y-3(喜欢并经常购买的衣服)。

呈现效果:简约中彰显气质。

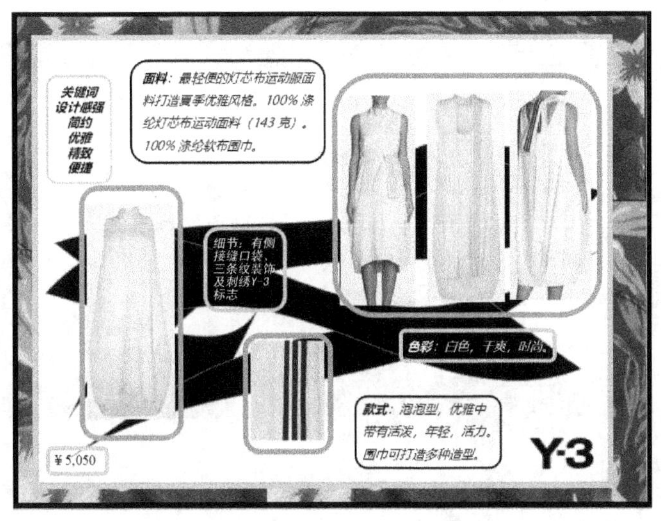

图 5-48　夏季聚会装——裙子

图 5-49　夏季聚会装——帽子

● 搭配四：夏季游泳装篇——游泳装备（见图 5-52～5-57）

搭配目的：自由游泳新体验。

搭配内容：泳衣，泳帽，泳镜，泳包。

服装品牌：Speedo（中国国家游泳队赞助商）。

呈现效果：活力，清爽。畅快游泳。

图 5-50　夏季聚会装——太阳伞

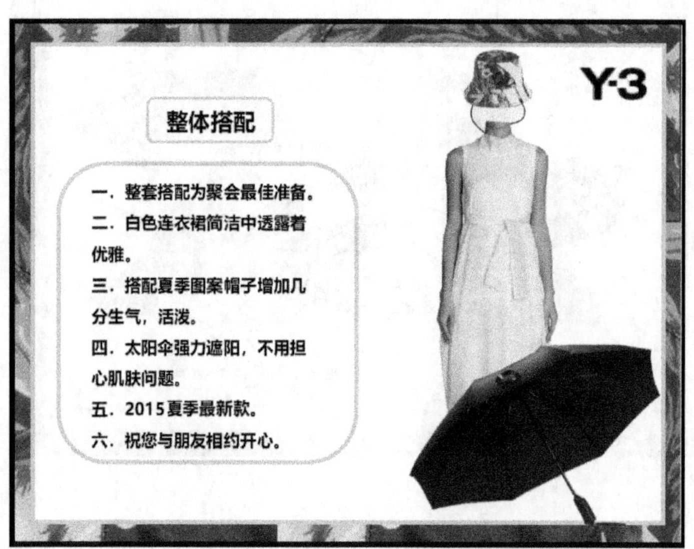

图 5-51　夏季聚会装——整体搭配

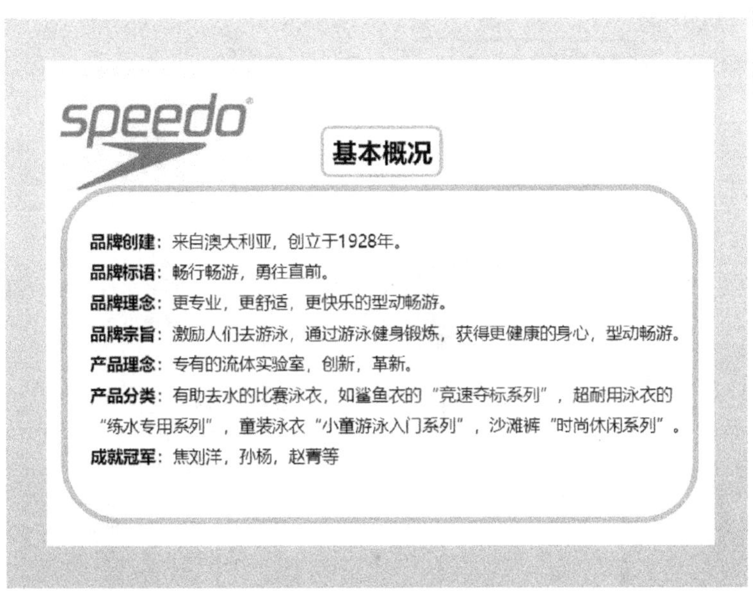

图 5-52　Speedo 品牌概况

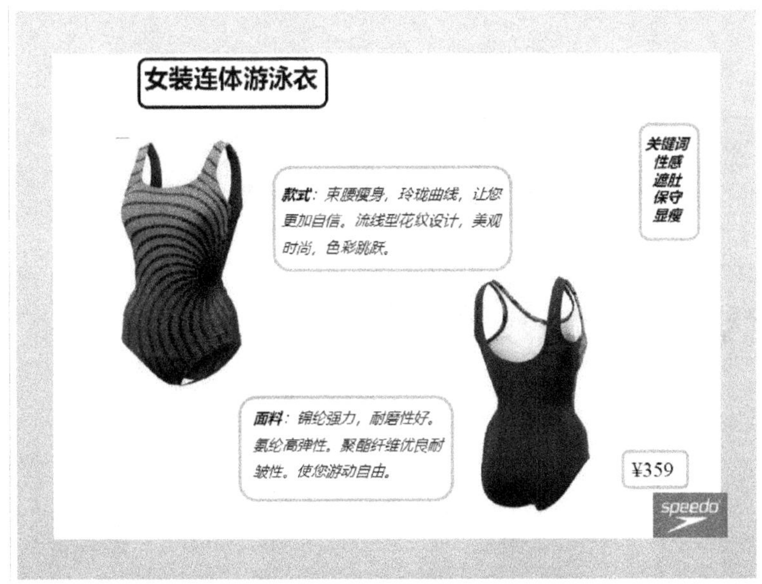

图 5-53　夏季游泳装——连体游泳衣

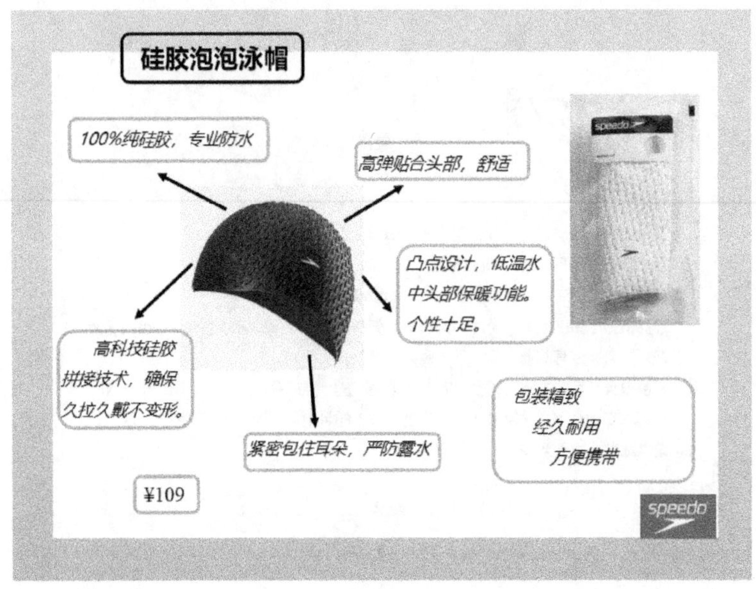

图 5-54　夏季游泳装——泳帽

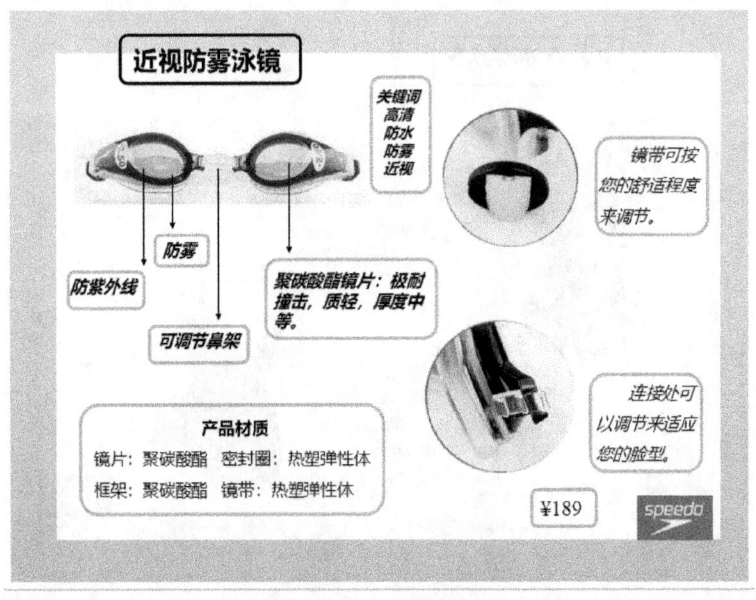

图 5-55　夏季游泳装——泳镜

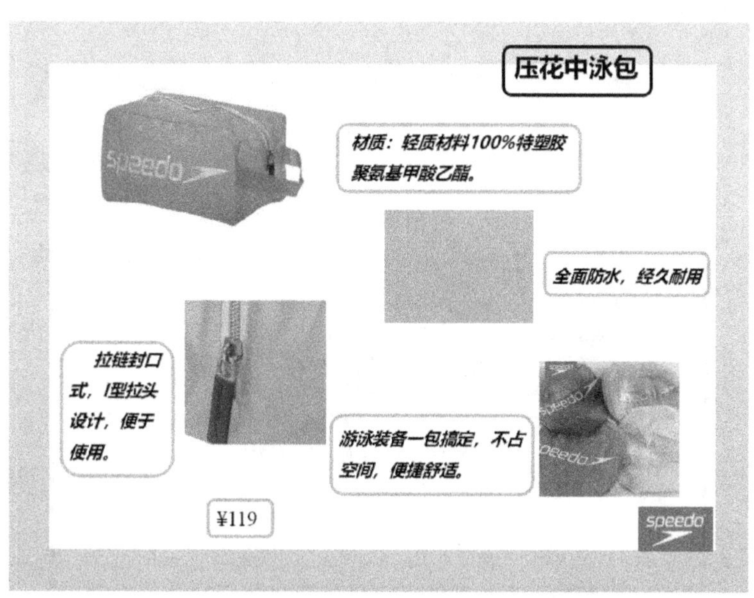

图 5-56　夏季游泳装——泳包

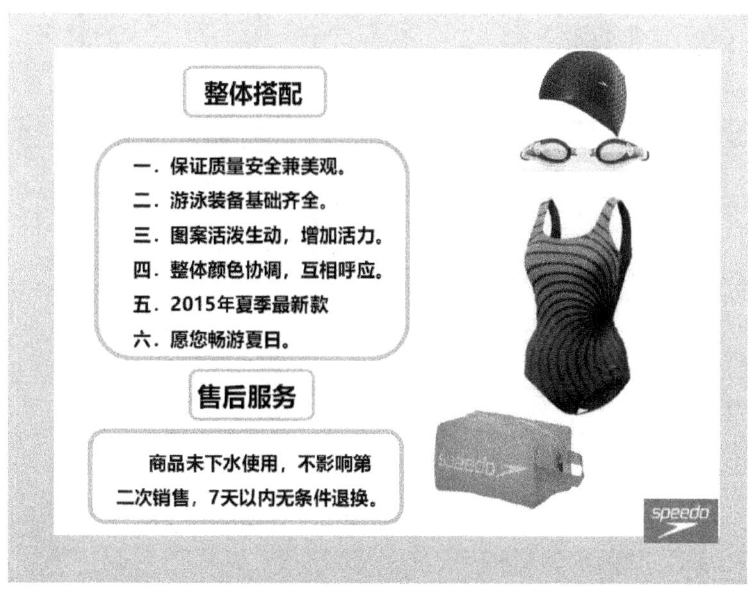

图 5-57　夏季游泳装——整体搭配

● 搭配五：夏季户外装篇——户外装备（见图 5-58～5-64）

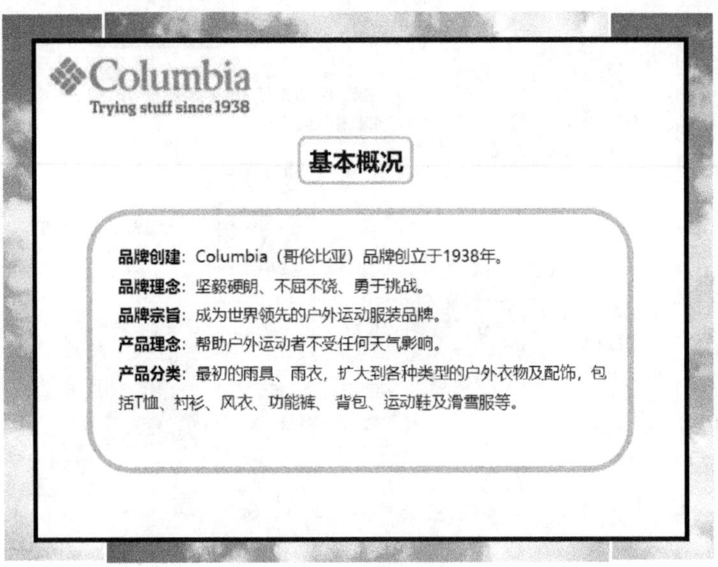

图 5-58　Columbia 品牌概况

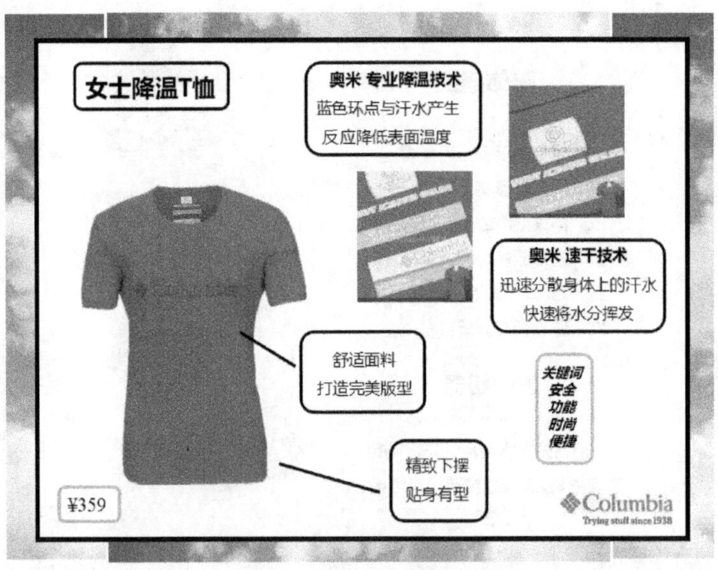

图 5-59　夏季户外装——上衣

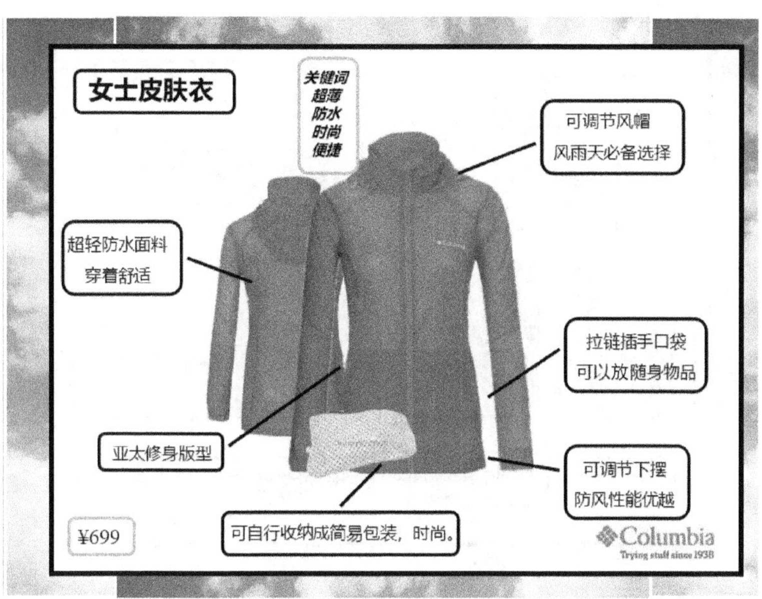

图 5-60　夏季户外装——上衣外套

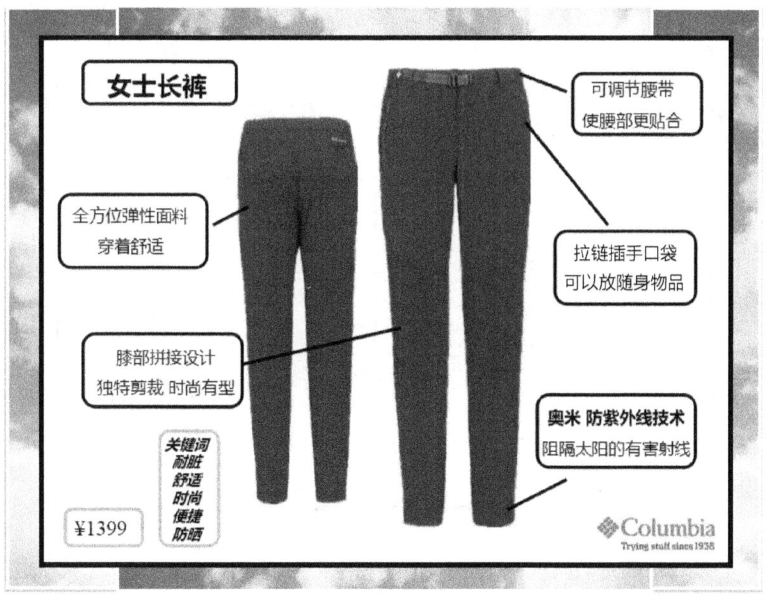

图 5-61　夏季户外装——下装

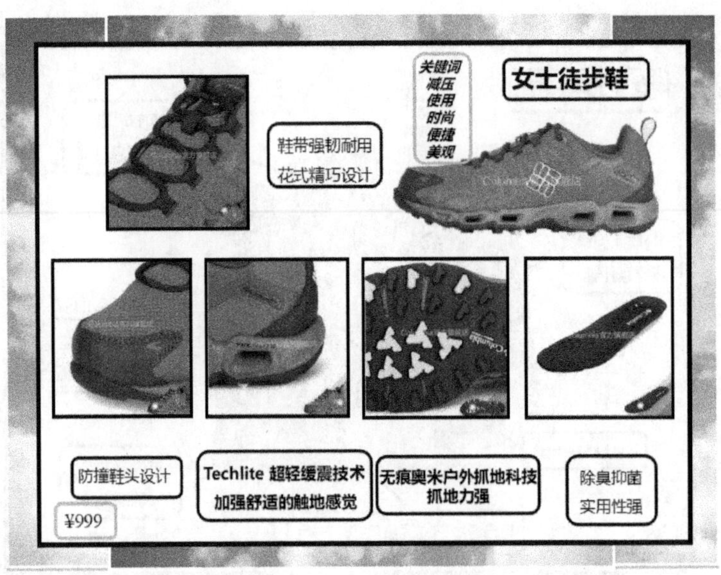

图 5-62　夏季户外装——鞋子

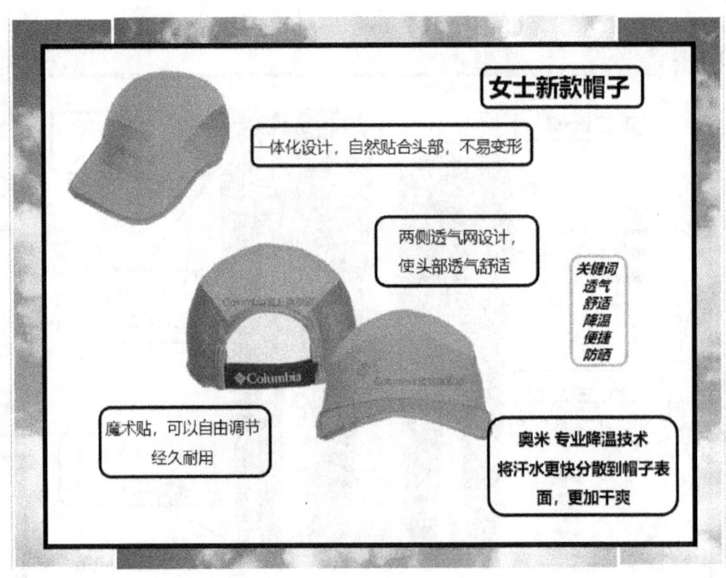

图 5-63　夏季户外装——帽子

图 5-64 夏季户外装——整体搭配

搭配目的：打造一个完美旅游体验。

搭配内容：T 恤，皮肤衣，休闲裤，徒步鞋。

服装品牌：Columbia。

呈现效果：安全，时尚，便捷。

参考文献

[1] 李当岐. 服饰学概论[M]. 北京：高等教育出版社，2008.
[2] 高山，袁金龙. 服饰品设计艺术[M]. 合肥：合肥工业大学出版社，2001.
[3] 李春暖. 自然地理环境对服饰的影响[J]. 江苏丝绸，2006(4).
[4] 吕春祥. 解析服装款式构成中的要素[J]. 装饰，2005(2).
[5] 陈涓. 服饰与自然环境[J]. 福建教育学院学报，2005(1).
[6] 李志伟. 论自然地理环境对蒙古族民俗的影响[J]. 群文天地，2011(23).
[7] 刘一萍，王成，吴大洋. 自然地理环境对苗族服饰的影响[J]. 纺织学报，2012(4).
[8] 吴训信. 服饰设计中的环境色[J]. 纺织导报，2013(5).
[9] 李璇. 论社会环境对当代中国服饰设计的影响[J]. 决策管理，2010(3).
[10] 郑旋. 图说中国传统服饰[M]. 北京：世界图书出版公司，2007.
[11] 彭华. 阴阳五行研究(先秦篇)[D]. 上海：华东师范大学，2004.
[12] 周裕兰. 服装设计与文化差异的关系探微[J]. 哈尔滨职业技术学院学报，2011(2).
[13] 陈继红. 纳米技术与服装新面料[J]. 合成纤维，2003(4).
[14] 刘元风，胡月. 服装艺术设计[M]. 北京：中国纺织出版社，2006.
[15] 马金辉. 论波普艺术对流行服饰设计的影响[J]. 装饰，2007(8).
[16] 王受之. 世界时装史[M]. 北京：中国青年出版社，2002.
[17] 王原. 波普艺术的“立场”：艺术与生活的模糊分际[J]. 湘潮，2007 (6).
[18] 刘娟，孙虹. 五大时装之都的经验对浙江时尚产业发展的启示[J]. 丝绸，2018(7).
[19] 郭凤芝，邢声远，郭瑞良. 新型服装面料开发[M]. 北京：中国纺织出版社，2014.
[20] 王革辉. 服装面料的性能与选择[M]. 上海：东华大学出版社，2013.
[21] 刘晓路. 日本美术史纲[M]. 上海：上海古籍出版社，2003.
[22] 赵德宇. 日本近现代文化史[M]. 北京：世界知识出版社，2010.

[23] 刘盛楠.浮世绘审美特征研究[D].武汉:中南民族大学,2010.
[24] 李梦.论日本现代平面设计对浮世绘艺术的继承[D].南京:南京师范大学,2014.
[25] 赵丁慧.论印象派绘画与日本现代服装设计的共同特质[J].东华大学学报,2011(1).
[26] 白晓红.浅谈中国传统文化元素艺术在现代服装设计中的应用[U].成才之路,2010.
[27] 韩慧.中国传统文化元素在现代服装设计中的应用[J].艺术品鉴,2015(1).
[28] 范聚红.现代服装设计中的中国元素[A].郑州轻工业学院学报(社会科学版),2006.
[29] 孙虹,张玉典.走近时尚消费[M].杭州:浙江工商大学出版社,2017.
[30] 刘元风.服装艺术设计[M].北京:中国纺织出版社,2006.
[31] 苏永刚.服装时尚元素的提炼与运用[M].重庆:重庆大学出版社,2007.
[32] 华梅.中国服装史[M].上海:中国纺织出版社,2007.
[33] 孙虹.女性主体地位嬗变与服饰文化转型研究[M].纺织学报,2012.(12)
[34] 刘华,许树文.以市场为导向开发新型面料、纱线与纤维[J].现代纺织技,2004(4).
[35] 王彬妮.谈面料在现代服装设计中的地位与作用[J].黑龙江纺织,2004(4).
[36] 薛淑云,王溪繁,王国和.第13届中国国际纺织面料及辅料(秋冬)博览会新型面料及其流行趋势[J].国外丝绸,2008(12).
[37] 胡美静.面料[J].纺织服装周刊,2011(5).
[38] 王志良.服装面料的简易鉴别 [J].检测技术,1994(1).
[39] 石历丽.服装面料再造设计的研究 [J].西安工程大学学报,2010(10).
[40] 王环环.服装色彩搭配美之要素和方法技巧浅析 [J].中国流行色协会,2014(0).
[41] 陈慧.服装色彩搭配研究 [J].染整技术,2016(6).
[42] 杨薇薇,王晓云.服装色彩运用对心理的影响 [J].读与写杂志,2010(1).
[43] 吴晓菁,温金.服装设计中面料再造艺术的运用 [J].纺织科技进展,2007(1).
[44] 冯祎,苏洁.服装造型设计中面料再造的探索及实践 [J].丝绸,2008(7).
[45] 葛蓓.流行服装色彩搭配的形象构建[J].毛纺科技,2015(3).
[46] 陈一波.论不同质感面料在女装设计中的结合运用[J].中国校外教育,2012(11).
[47] 汤晨.略析色彩对审美心理的影响[A].2009年国际工业设计研讨会论文集.

[48] 王洁芯.面料肌理再造的工艺方法设计[J].轻纺工业与技术,2013(8).
[49] 王丽华.浅谈服装色彩搭配[J].大众文艺,2010(12).
[50] 李晓燕.浅谈服装色彩与肤色的搭配[J].纺织科技进展,2007(5).
[51] 陈佳.浅谈服装色彩与肤色的关系[J].职业:中旬,2010(9).
[52] 孙永梅.浅谈服装设计中的色彩搭配艺术[J].山东纺织经济,2008(2).
[53] 李杰.浅析肤色对服饰配色的影响[J].天津纺织科技,2004(3).
[54] 彭传新.奢侈品品牌文化研究[J].中国软科学,2010(2).
[55] 尹延波,石兴.设计中色彩对心理的影响[J].新视觉艺术,2011(3).
[56] 董陵艳.探究我国女性肤色与服装搭配应用分析[J].现代装饰理论,2011(7).
[57] 陈继兴.怎样鉴别服装面料成分[J].中国标准化,2003(2).
[58] 婧茹.中国奢侈品"赢的力量"在文化底蕴[J].中国民航报服装·时尚,2007(2).
[59] 卫臻."一生褶"的设计特色与文化底蕴[J].郑州轻工业学院学报(社会科学版),2007(6).
[60] 苏恩.低碳消费新主张[J].中国纺织,2009(12).
[61] 朱峰.服装低碳你我行[J].福建质量技术监督,2010(6).
[62] 白玉苓.我国低碳纺织服装的发展现状与策略选择[J].对外经贸实务,2012(7).
[63] 张慧娟,元金玲.基于低碳背景下服装"一衣多穿"新思路初探[J].轻纺工业与技术,2017(2).
[64] 董凌云.我国服装低碳消费方式研究[J].中外企业家,2012(7).
[65] 李雪根.着装意象审美生成研究[D].成都:西南大学,2010.
[66] 李莎.着装审美变迁与服饰风格[D].武汉:武汉纺织大学,2015.
[67] 陈国芬.社交着装,你穿对了吗?[J].纺织服装周刊,2013(25).

孙女士，您好，我是您的服装搭配顾问晓亚，今天由我来为您服务，祝您购物愉快！

夏季晨练装

温馨提示

1. 顾客皮肤较敏感，尽量露出最少皮肤。
2. 跑步更加注重衣服透气。

搭配目的：为您打造整套晨跑运动装。

搭配内容：运动内衣，运动外套，运动T恤，运动裤，运动背包，跑鞋，配饰。

服装品牌：Nike

呈现效果：让您穿上舒适时尚的运动服，充满活力的开始新的一天。

NIKE

JUST DO IT

关键词
运动
吸汗
轻盈
便捷
安全
专业

女子运动内衣

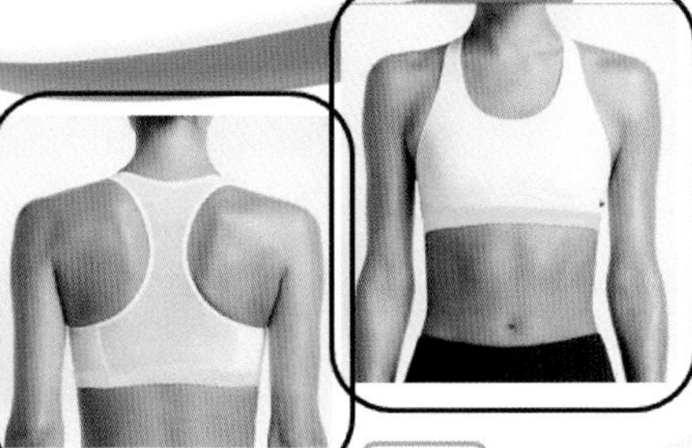

¥299

面料：Dri-FIT可快速吸湿排汗，令手部持久干爽舒适。

款式：网眼布露背设计增加透气性，提升运动自由度。

加垫衬里包裹效果出众，穿着舒适。

细节：贴合身形的缝纫技术，巧妙搭配下胸围弹力带，提升贴合感和支撑度。

色彩：白色干净简洁，不吸热。

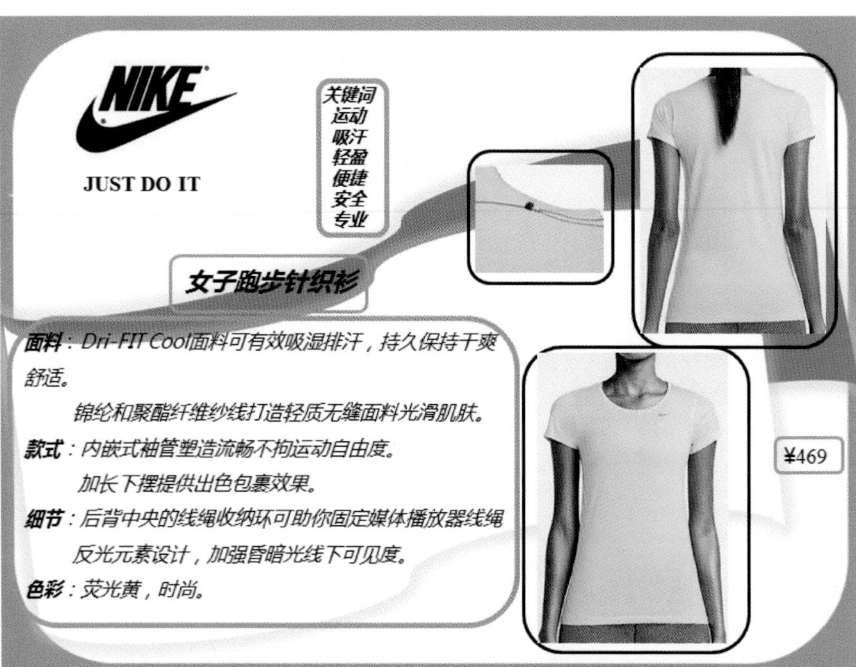
NIKE
JUST DO IT
关键词
运动
吸汗
轻盈
便捷
安全
专业
女子跑步针织衫
面料：Dri-FIT Cool面料可有效吸湿排汗，持久保持干爽舒适。
锦纶和聚酯纤维纱线打造轻质无缝面料光滑肌肤。
款式：内嵌式袖管塑造流畅不拘运动自由度。
加长下摆提供出色包裹效果。
细节：后背中央的线绳收纳环可助你固定媒体播放器线绳
反光元素设计，加强昏暗光线下可见度。
色彩：荧光黄，时尚。
¥469

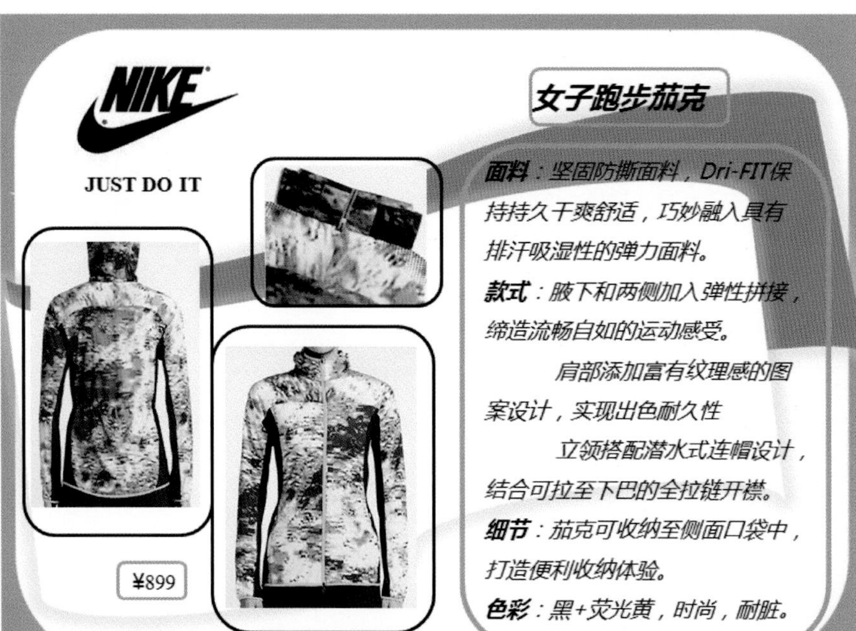
NIKE
JUST DO IT
女子跑步茄克
面料：坚固防撕面料，Dri-FIT保持持久干爽舒适，巧妙融入具有排汗吸湿性的弹力面料。
款式：腋下和两侧加入弹性拼接，缔造流畅自如的运动感受。
肩部添加富有纹理感的图案设计，实现出色耐久性
立领搭配潜水式连帽设计，结合可拉至下巴的全拉链开襟。
细节：茄克可收纳至侧面口袋中，打造便利收纳体验。
色彩：黑+荧光黄，时尚，耐脏。
¥899

JUST DO IT

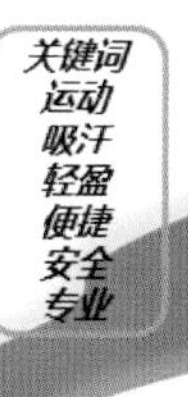

女子跑步中长裤

面料：Dri-FIT面料持久保持干爽舒适弹性面料塑造非凡运动自由度。

款式：宽版弹力腰部搭配内置抽绳。后身拉链口袋。平整拼接结构带来顺滑亲肤感。

细节：两侧下部和后膝融入网眼布拼接设计，打造精准的透气效果。

色彩：黑色，白搭，简约。

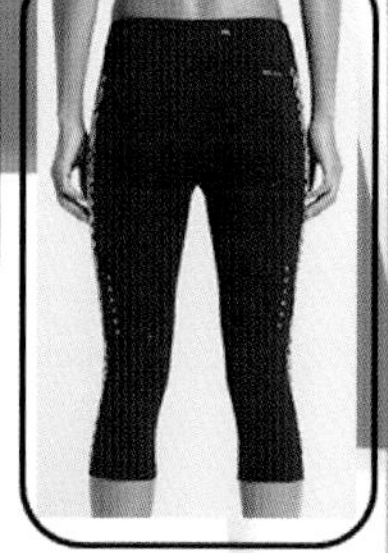

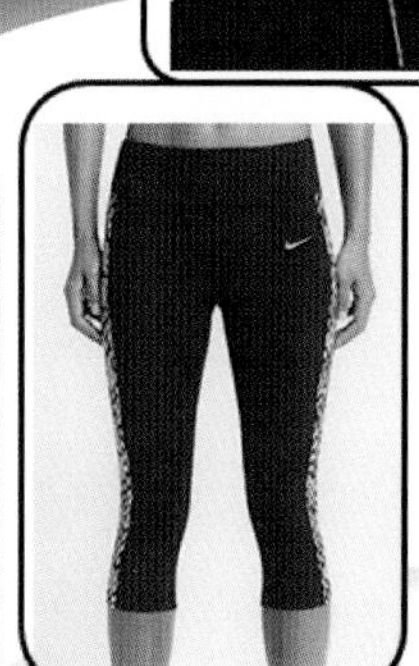

¥469

女子跑步鞋

面料：鞋面采用弹力十足的聚酯纤维纱线，贴合脚型无缝一体式鞋面，带来完美贴合的支撑效果。

无弹力鞋跟材质，打造出色结构和支撑效果。

鞋 尖底部采用纯色橡胶设计，有效增强抓地力与耐磨性。

款式：不对称鞋带有效减轻鞋带压力。

模压鞋垫模拟自然足形，有效提升支撑力。

华夫活塞式外底有效减震，增加灵敏度，

细节：超轻薄的中底和圆形鞋跟，结合后跟与前掌的6毫米高差设计，获得自然体验。女士8码仅173克。

六边形弯曲凹槽带来全方位自如体验。

中底次级凹槽提升运动自由度。

色彩：荧光黄，定制色，整体搭配服装。

JUST DO IT

关键词
运动
吸汗
轻盈
便捷
安全
专业

整体搭配

一．整套搭配以舒适便捷为准。

二．外套，T恤，鞋子分别有荧光黄乎应，设计感强，时尚。

三．价位合理。

四．符合孙女士气质，要求。

五．2015夏季最新款。

六．一定给您一个轻松愉快的晨练。

孙女士，您好，我是您的服装搭配顾问晓亚，非常高兴您对第一套衣服特别满意，所以接下来由我继续为您服务。祝您心情愉快！

夏季生活装

搭配目的：为您提供日常生活上课时尚夏季套装。

搭配内容：T恤，长裤，鞋子，包，帽子。

服装品牌：Y-3（您了解喜欢并经常购买的衣服）

呈现效果：活力时尚，精神。为一天的工作增添色彩。

温馨提示

1. 夏季面料透气性最重要
2. 便捷，耐脏
3. 时尚
4. 可以适应空调空间

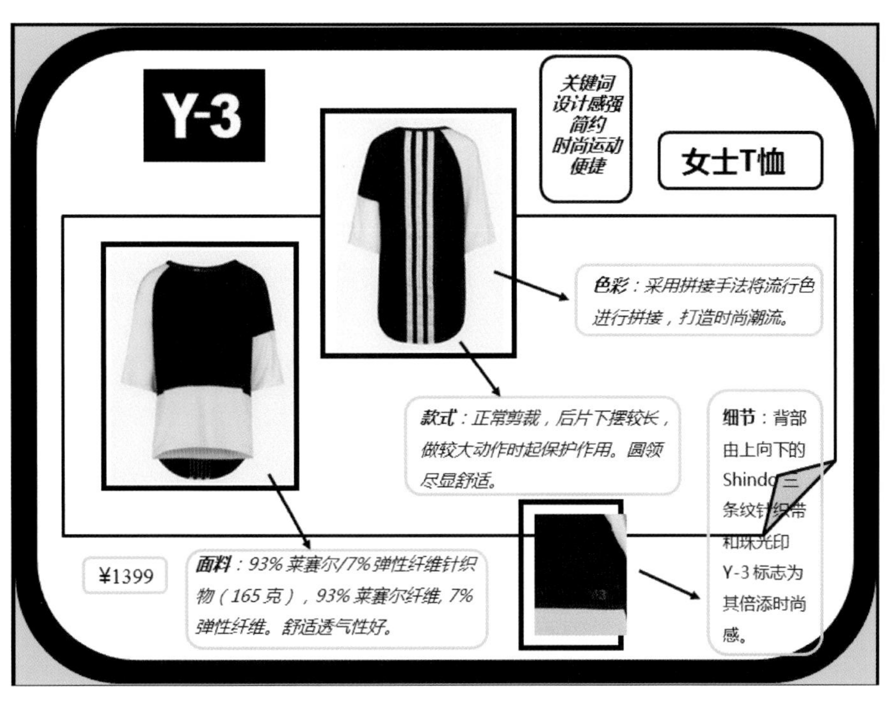
Y-3
关键词
设计感强
简约
时尚运动
便捷
女士T恤
色彩：采用拼接手法将流行色进行拼接，打造时尚潮流。
款式：正常剪裁，后片下摆较长，做较大动作时起保护作用。圆领尽显舒适。
细节：背部由上向下的Shindo三条纹针织带和珠光印Y-3标志为其倍添时尚感。
¥1399
面料：93%莱赛尔/7%弹性纤维针织物（165克），93%莱赛尔纤维，7%弹性纤维。舒适透气性好。

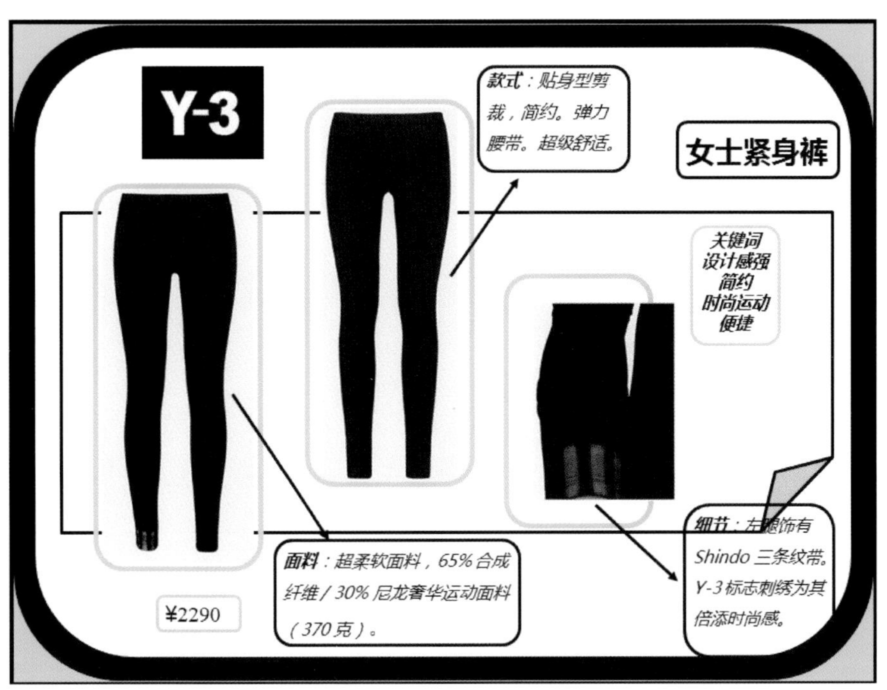
Y-3
款式：贴身型剪裁，简约。弹力腰带。超级舒适。
女士紧身裤
关键词
设计感强
简约
时尚运动
便捷
细节：左腿饰有Shindo三条纹带。Y-3标志刺绣为其倍添时尚感。
¥2290
面料：超柔软面料，65%合成纤维/30%尼龙奢华运动面料（370克）。

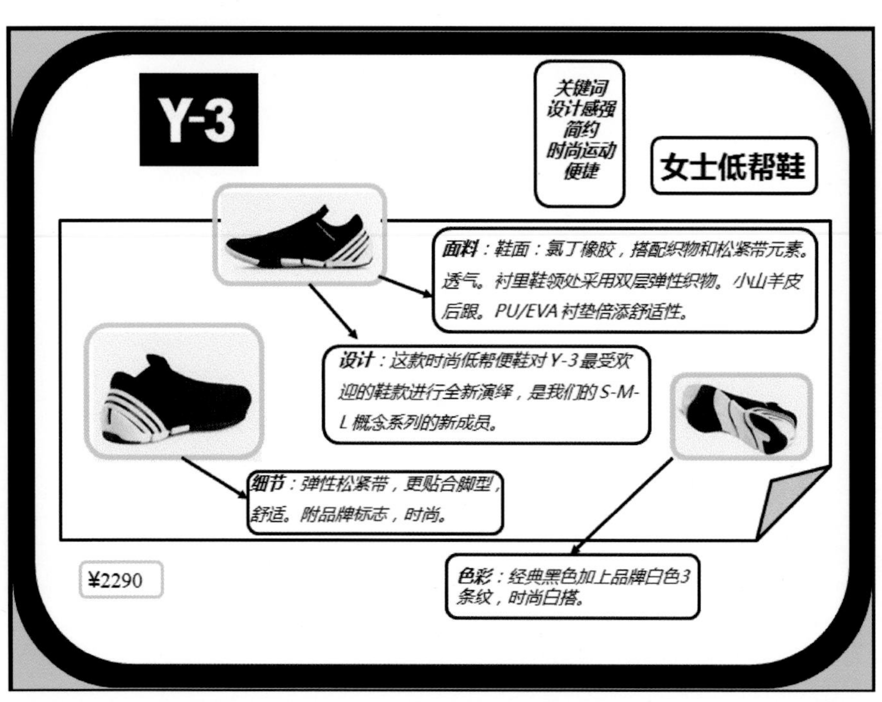
Y-3
关键词
设计感强
简约
时尚运动
便捷
女士低帮鞋
面料：鞋面：氯丁橡胶，搭配织物和松紧带元素。透气。衬里鞋领处采用双层弹性织物。小山羊皮后跟。PU/EVA 衬垫倍添舒适性。
设计：这款时尚低帮便鞋对 Y-3 最受欢迎的鞋款进行全新演绎，是我们的 S-M-L 概念系列的新成员。
细节：弹性松紧带，更贴合脚型，舒适。附品牌标志，时尚。
¥2290
色彩：经典黑色加上品牌白色3条纹，时尚百搭。

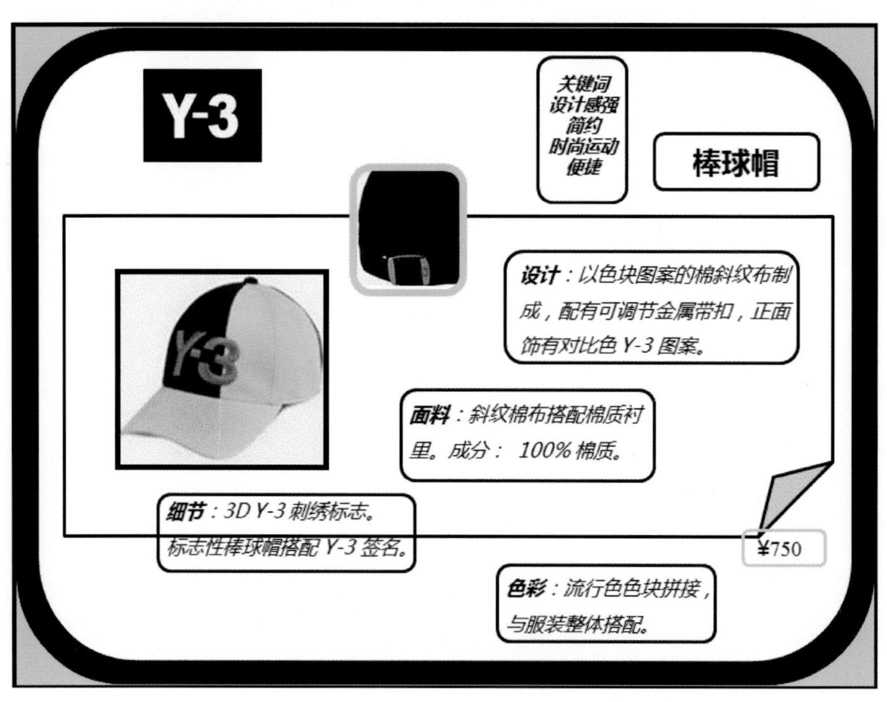
Y-3
关键词
设计感强
简约
时尚运动
便捷
棒球帽
设计：以色块图案的棉斜纹布制成，配有可调节金属带扣，正面饰有对比色 Y-3 图案。
面料：斜纹棉布搭配棉质衬里。成分： 100% 棉质。
细节：3D Y-3 刺绣标志。标志性棒球帽搭配 Y-3 签名。
¥750
色彩：流行色色块拼接，与服装整体搭配。

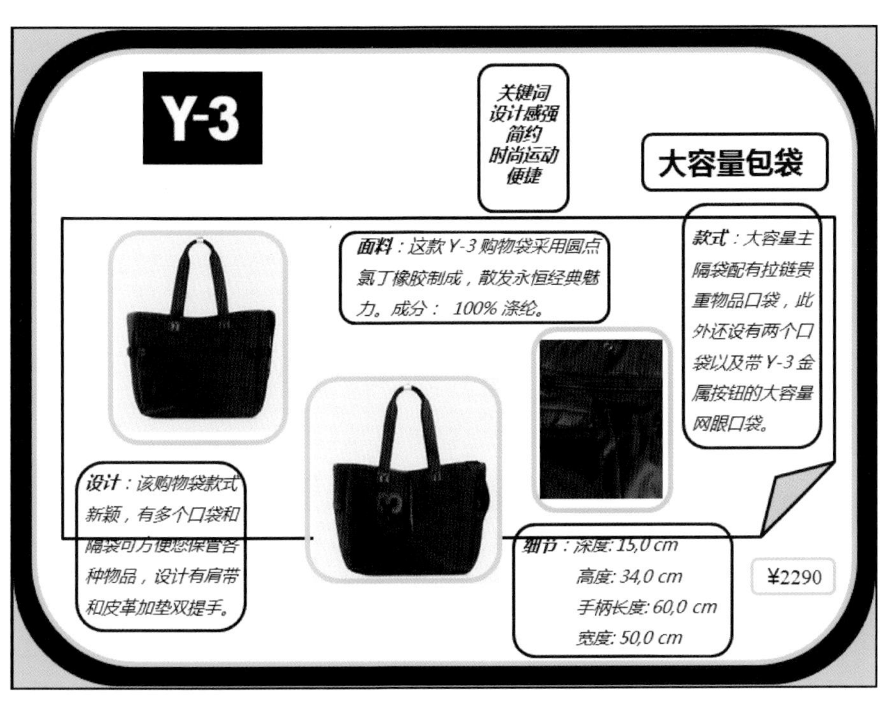
Y-3
关键词
设计感强
简约
时尚运动
便捷
大容量包袋
面料：这款Y-3购物袋采用圆点氯丁橡胶制成，散发永恒经典魅力。成分： 100%涤纶。
款式：大容量主隔袋配有拉链贵重物品口袋，此外还设有两个口袋以及带Y-3金属按钮的大容量网眼口袋。
设计：该购物袋款式新颖，有多个口袋和隔袋可方便您保管各种物品，设计有肩带和皮革加垫双提手。
细节：深度：15,0 cm
高度：34,0 cm
手柄长度：60,0 cm
宽度：50,0 cm
¥2290

Y-3
整体搭配
一．整套搭配以舒适便捷为准。
二．整体色彩清爽，颜色拼接增加无限时尚感。
三．夏季阳光强烈，配上棒球帽防晒又美观。
四．大容量包包可以装下日常生活工作中的必需品。
五．2015最新夏季新款。
六．祝您生活工作顺利。
关键词
设计感强
简约
时尚运动
便捷

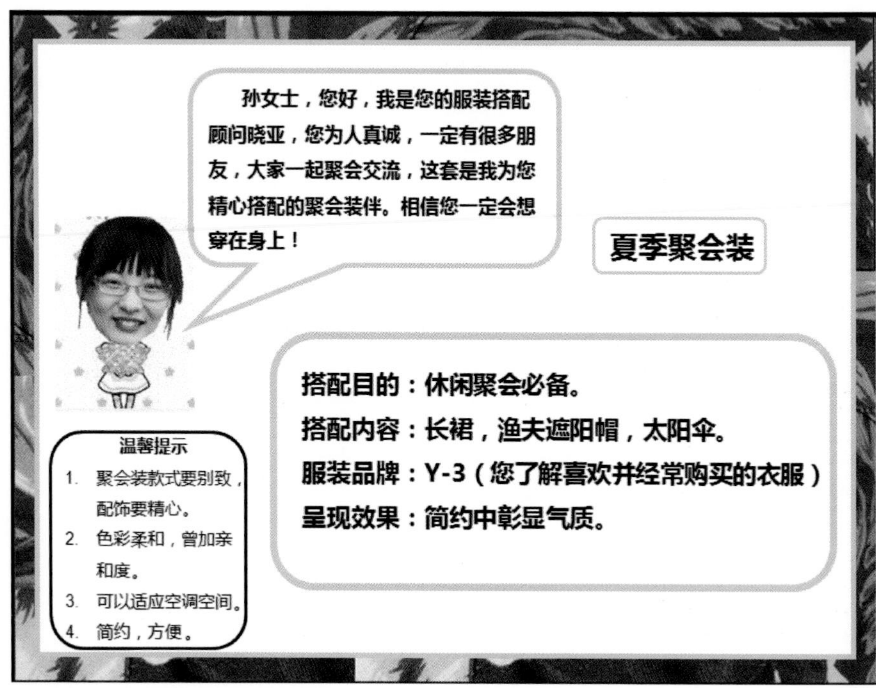
孙女士，您好，我是您的服装搭配顾问晓亚，您为人真诚，一定有很多朋友，大家一起聚会交流，这套是我为您精心搭配的聚会装件。相信您一定会想穿在身上！
夏季聚会装
搭配目的：休闲聚会必备。
搭配内容：长裙，渔夫遮阳帽，太阳伞。
服装品牌：Y-3（您了解喜欢并经常购买的衣服）
呈现效果：简约中彰显气质。
温馨提示
1. 聚会装款式要别致，配饰要精心。
2. 色彩柔和，曾加亲和度。
3. 可以适应空调空间。
4. 简约，方便。

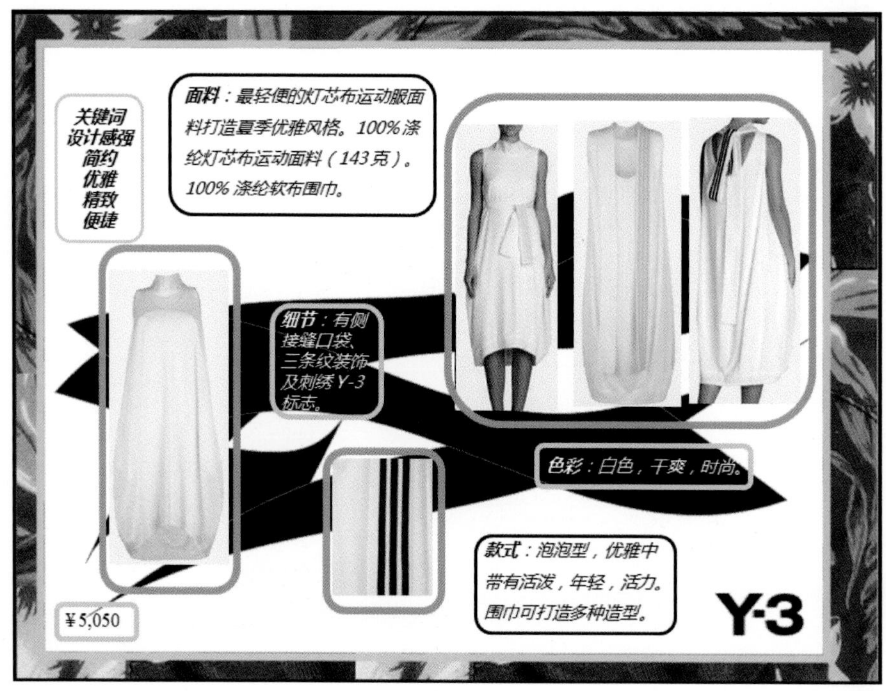
关键词
设计感强
简约
优雅
精致
便捷
面料：最轻便的灯芯布运动服面料打造夏季优雅风格。100% 涤纶灯芯布运动面料（143克）。100% 涤纶软布围巾。
细节：有侧接缝口袋、三条纹装饰及刺绣 Y-3 标志。
色彩：白色，干爽，时尚。
款式：泡泡型，优雅中带有活泼，年轻，活力。围巾可打造多种造型。
¥5,050
Y-3

关键词
设计感强
简约
优雅
精致
便捷
设计：圆形拉绳，贴合脸型。调节皮绳，根据脸型不同进行调整达到最舒服式程度。装饰性 Y-3 标志，增加时尚感。
面料：斜纹棉布搭配棉质衬里。
100% 棉质
¥890
色彩：颜色丰富，采用夏季图案，活泼。
Y-3

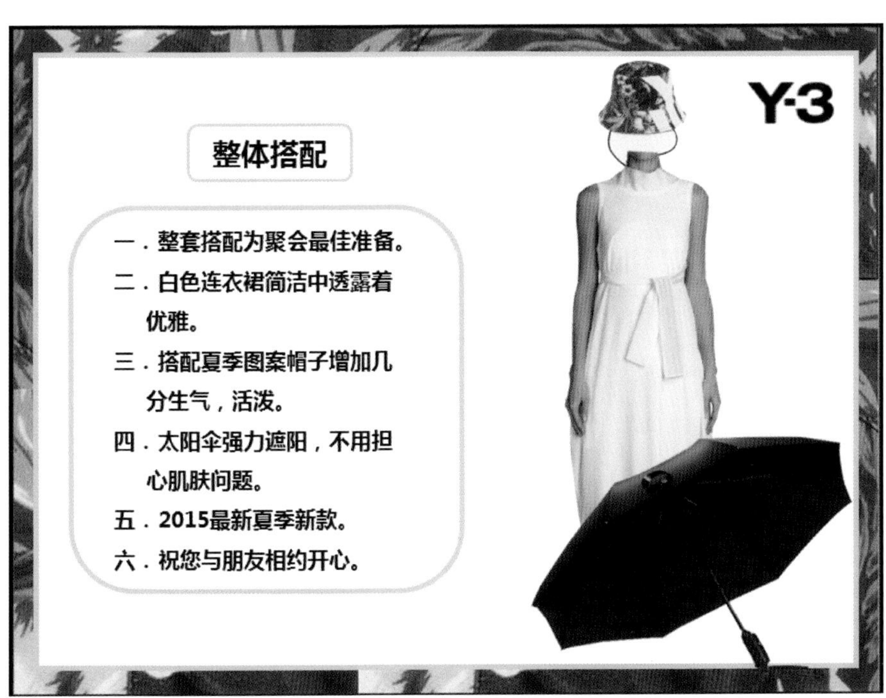
Y-3
整体搭配
一．整套搭配为聚会最佳准备。
二．白色连衣裙简洁中透露着优雅。
三．搭配夏季图案帽子增加几分生气，活泼。
四．太阳伞强力遮阳，不用担心肌肤问题。
五．2015最新夏季新款。
六．祝您与朋友相约开心。

孙女士，您好，我是您的服装搭配顾问晓亚，炎炎夏日热爱运动的您一定想畅游水中，下面我为您搭配属于您的游泳组合。

游泳装备

搭配目的：让您自由游泳新体验。
搭配内容：泳衣，泳帽，泳镜，泳包
服装品牌：speedo(中国国家游泳队赞助商)
呈现效果：活力，清爽。畅快游泳。

温馨提示

1. 游泳面料要不损害。身体健康。
2. 配饰要齐全。
3. 时尚，健康。
4. 装备简洁，轻便。

女装连体游泳衣

款式：束腰瘦身，玲珑曲线，让您更加自信。流线型花纹设计，美观时尚，色彩跳跃。

关键词
性感
遮肚
保守
显瘦

***面料**：锦纶强力，耐磨性好。氨纶高弹性。聚酯纤维优良耐皱性。是您游动自由。*

¥359

speedo

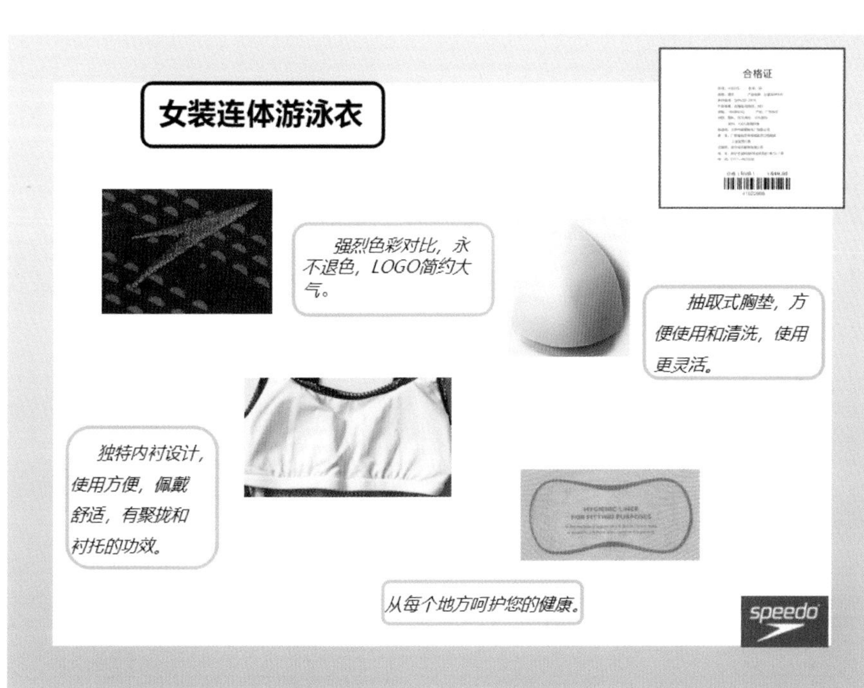
女装连体游泳衣
合格证
强烈色彩对比，永不退色，LOGO简约大气。
抽取式胸垫，方便使用和清洗，使用更灵活。
独特内衬设计，使用方便，佩戴舒适，有聚拢和衬托的功效。
从每个地方呵护您的健康。
speedo

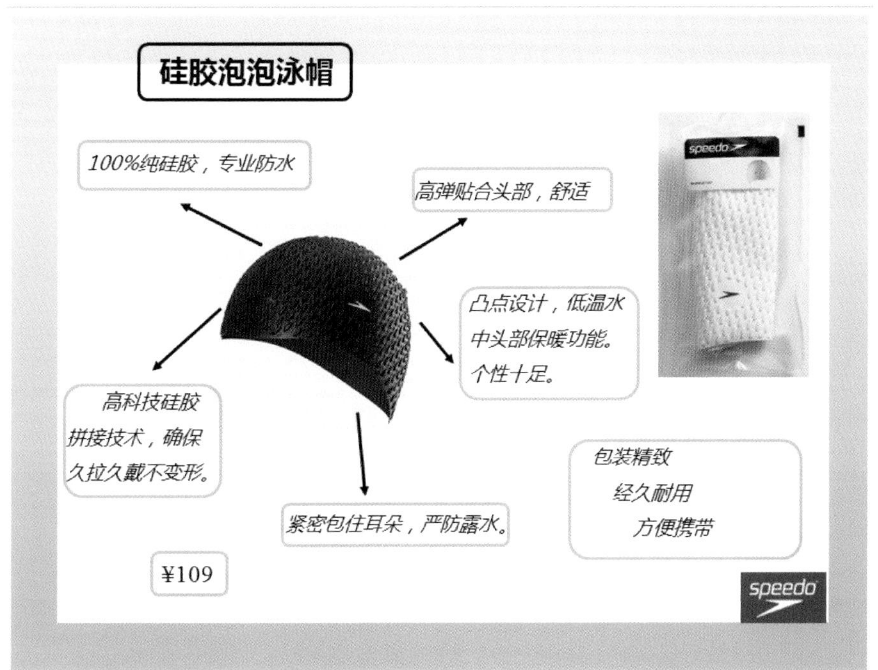
硅胶泡泡泳帽
100%纯硅胶，专业防水
高弹贴合头部，舒适
凸点设计，低温水中头部保暖功能。个性十足。
高科技硅胶拼接技术，确保久拉久戴不变形。
紧密包住耳朵，严防露水。
包装精致
经久耐用
方便携带
¥109
speedo

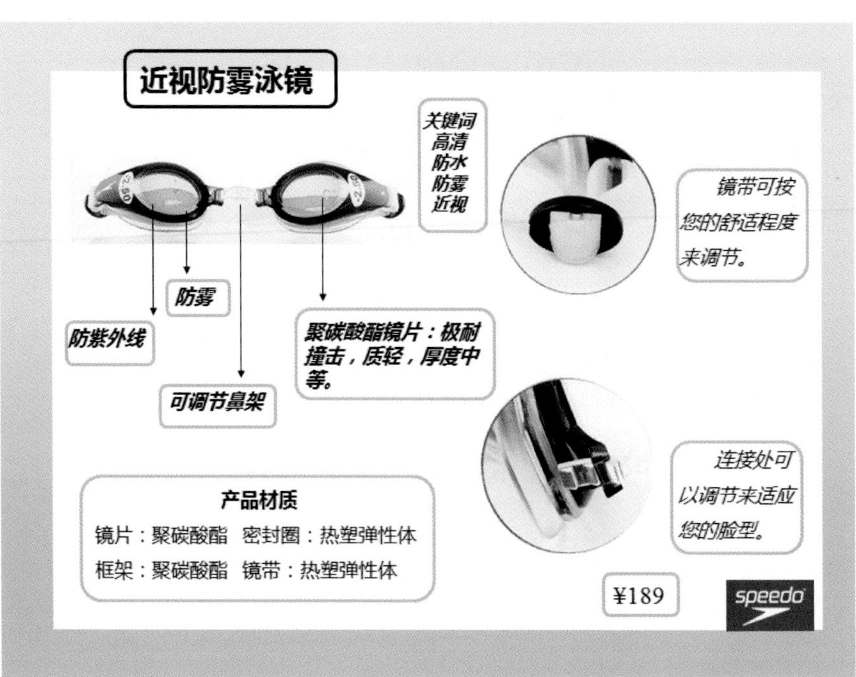
近视防雾泳镜
关键词
高清
防水
防雾
近视
镜带可按您的舒适程度来调节。
防雾
防紫外线
聚碳酸酯镜片：极耐撞击，质轻，厚度中等。
可调节鼻架
连接处可以调节来适应您的脸型。
产品材质
镜片：聚碳酸酯 密封圈：热塑弹性体
框架：聚碳酸酯 镜带：热塑弹性体
¥189
speedo

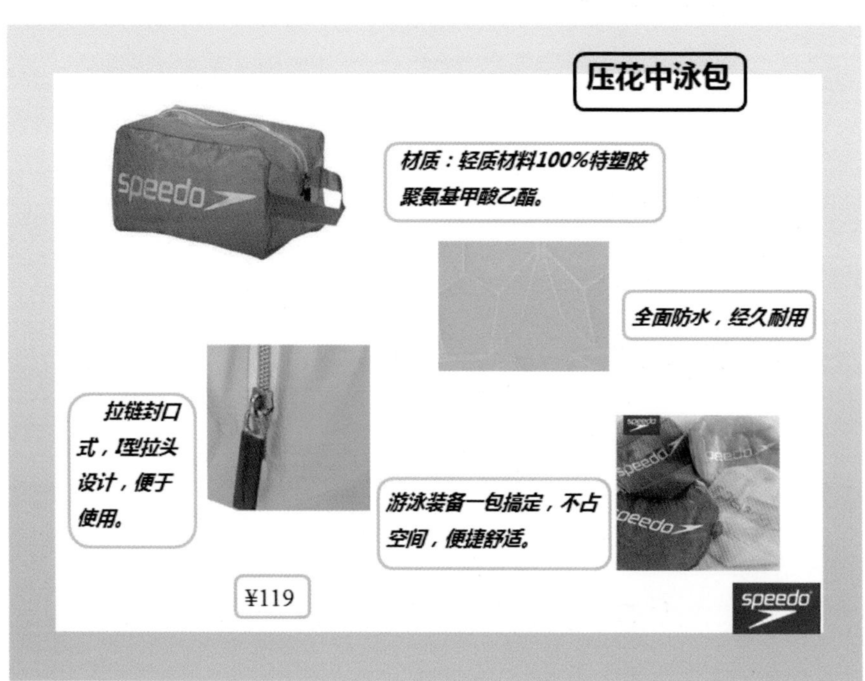
压花中泳包
speedo
材质：轻质材料100%特塑胶聚氨基甲酸乙酯。
全面防水，经久耐用
拉链封口式，I型拉头设计，便于使用。
游泳装备一包搞定，不占空间，便捷舒适。
¥119
speedo

整体搭配

一．保证质量安全兼美观。

二．游泳装备基础齐全。

三．图案活泼生动，增加活力。

四．整体颜色协调，互相呼应。

五．2015最新夏季新款。

六．愿您畅游夏日。

售后服务

商品末下水使用，不影响第二次销售，7天以内无条件退换。

孙女士，您好，我是您的服装搭配顾问晓亚，热爱运动的您一定很喜欢经常出去旅行，感受大自然，这套就是我专门为您设计的户外装。

户外装备

搭配目的： 为您打造一个完美旅游体验。

搭配内容： T恤，皮肤衣，休闲裤，徒步鞋。

服装品牌： Columbia。

呈现效果： 安全，时尚，便捷。

温馨提示

1. 安全性最为重要。
2. 选择较为鲜艳的颜色。
3. 功能性户外装。
4. 装备简洁，轻便。

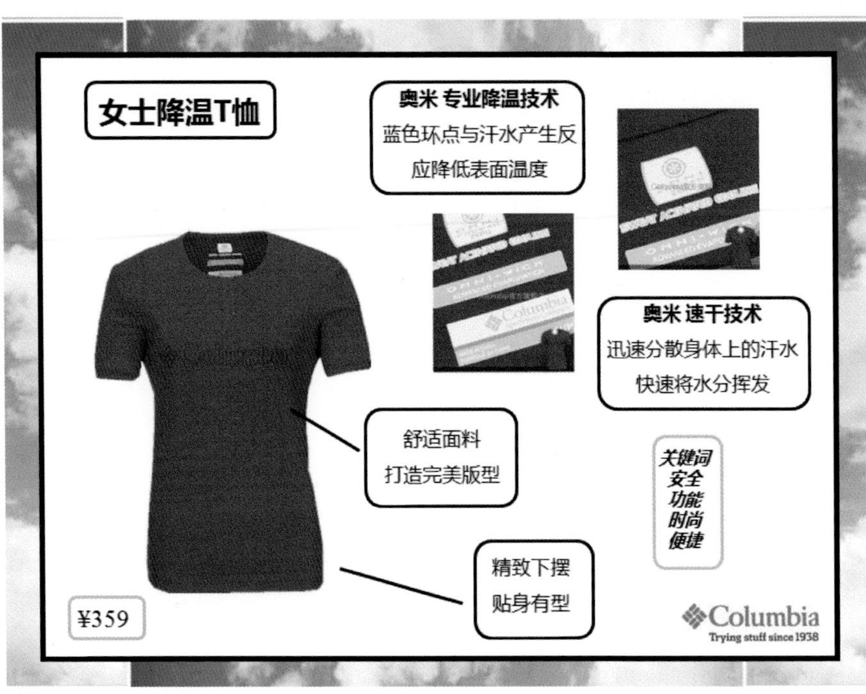
女士降温T恤
奥米 专业降温技术
蓝色环点与汗水产生反
应降低表面温度
奥米 速干技术
迅速分散身体上的汗水
快速将水分挥发
舒适面料
打造完美版型
关键词
安全
功能
时尚
便捷
精致下摆
贴身有型
¥359
Columbia
Trying stuff since 1938

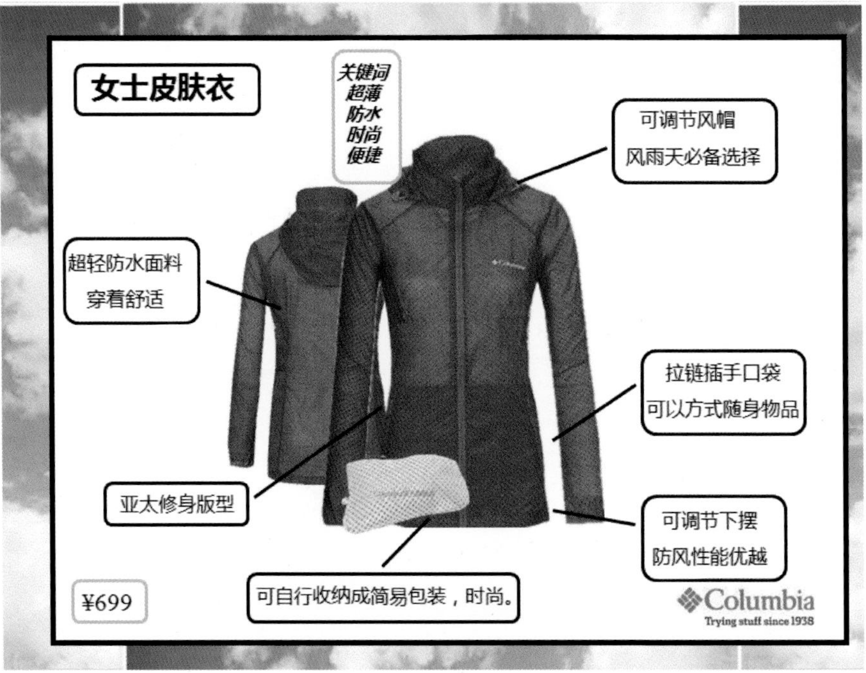
女士皮肤衣
关键词
超薄
防水
时尚
便捷
可调节风帽
风雨天必备选择
超轻防水面料
穿着舒适
拉链插手口袋
可以方式随身物品
亚太修身版型
可调节下摆
防风性能优越
可自行收纳成简易包装，时尚。
¥699
Columbia
Trying stuff since 1938

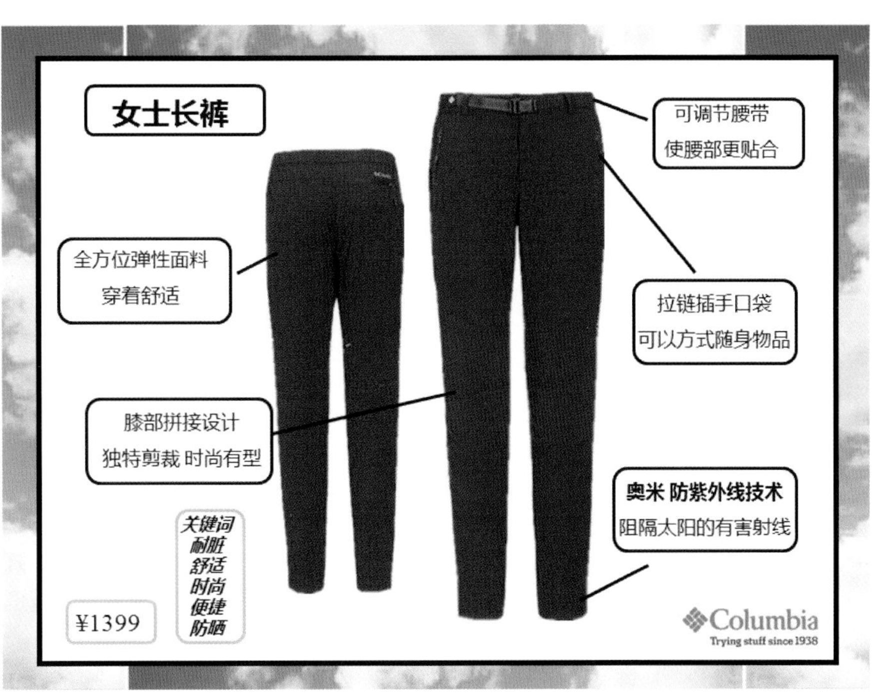
女士长裤
可调节腰带
使腰部更贴合
全方位弹性面料
穿着舒适
拉链插手口袋
可以方式随身物品
膝部拼接设计
独特剪裁 时尚有型
奥米 防紫外线技术
阻隔太阳的有害射线
关键词
耐脏
舒适
时尚
便捷
防晒
¥1399
Columbia
Trying stuff since 1938

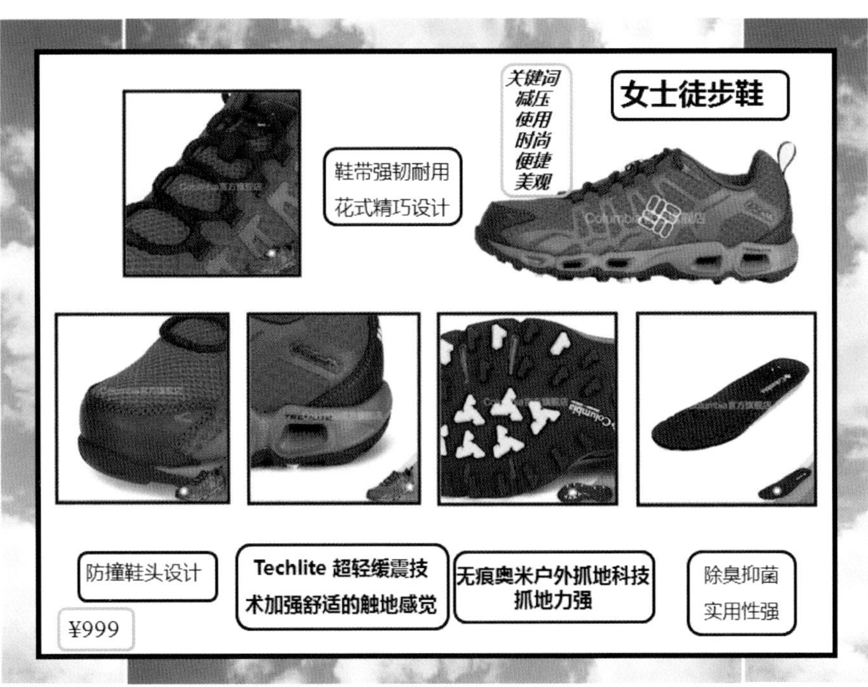
关键词
减压
使用
时尚
便捷
美观
女士徒步鞋
鞋带强韧耐用
花式精巧设计
防撞鞋头设计
Techlite 超轻缓震技
术加强舒适的触地感觉
无痕奥米户外抓地科技
抓地力强
除臭抑菌
实用性强
¥999

女士新款帽子
一体化设计，自然贴合头部，不易变形
两侧透气网设计，使
头部透气舒适
关键词
透气
舒适
降温
便捷
防晒
Columbia
魔术贴，可以自由调节
经久耐用
奥米 专业降温技术
将汗水更快分散到帽子表
面，更加干爽

整体搭配
一．上衣全部为鲜艳的红色系，
颜色艳丽利于辨认，裤子选
用深色耐脏。
二．衣服轻便，功能性强。
三．白天防晒，夜晚防风防寒，
实用性强。
四．全身2015夏季新款。
五．愿您旅行愉快。